图解·一学就会系列

数控车床编程与操作经典实例精解

周敏　陆奕锐　罗泉　编著

机械工业出版社

本书通过精选实例由易至难介绍了数控车床编程的方法和技巧，结合国内企业常见的华中数控、广州数控和FANUC数控车削系统的具体操作，全面介绍了数控车床编程与加工的全过程，以及可能会遇到的问题及其解决方法。全书共分6章，内容以近几年来数控车工考证试题为主，内容包括：数控车床必备知识、数控车中级工考证实例精讲、数控车高级工考证实例精讲、数控车技师考证实例精讲、CAXA数控车自动编程和企业件经典实例精讲等。本书由浅入深、循序渐进，能够让读者很快地了解数控车床编程的工艺和加工特点，掌握编程工艺和操作技能，达到事半功倍的效果。

本书既可以作为大中专院校学生学习数控车床编程和加工的参考教材，也可以作为企业从事数控车床编程和加工人员的参考资料。

图书在版编目（CIP）数据

数控车床编程与操作经典实例精解/周敏，陆奕锐，罗泉编著. —北京：机械工业出版社，2021.11

（图解·一学就会系列）

ISBN 978-7-111-69308-6

Ⅰ.①数… Ⅱ.①周…②陆…③罗… Ⅲ.①数控机床-车床-程序设计-图解②数控机床-车床-操作-图解 Ⅳ.①TG519.1-64

中国版本图书馆CIP数据核字（2021）第203627号

机械工业出版社（北京市百万庄大街22号 邮政编码100037）
策划编辑：周国萍 责任编辑：刘本明
责任校对：张 征 张 薇 封面设计：马精明
责任印制：李 昂
北京富博印刷有限公司印刷
2022年1月第1版第1次印刷
184mm×260mm·14印张·340千字
0001—2500册
标准书号：ISBN 978-7-111-69308-6
定价：59.00元

电话服务 网络服务
客服电话：010-88361066 机 工 官 网：www.cmpbook.com
010-88379833 机 工 官 博：weibo.com/cmp1952
010-68326294 金 书 网：www.golden-book.com
封底无防伪标均为盗版 机工教育服务网：www.cmpedu.com

前　　言

数控机床是集机械、电气、液压、气动、微电子和信息等多项技术于一体的机电一体化产品，是机械制造设备中具有高精度、高效率、高自动化和高柔性化等优点的工作母机。数控机床的技术水平高低及其在金属切削加工机床产量和总拥有量中的百分比，是衡量一个国家国民经济发展和工业制造整体水平的重要标志之一。

数控车床是数控机床的主要品种之一，它在数控机床中占有非常重要的位置，几十年来一直受到世界各国的普遍重视并得到了迅速的发展。数控车床是国内使用量最大、覆盖面最广的一种数控机床，约占数控机床总数的 25%。它主要用于轴类零件或盘类零件的内外圆柱面、任意锥角的内外圆锥面、复杂回转内外曲面和圆柱、圆锥螺纹等的切削加工，并能进行切槽、钻孔、扩孔、铰孔及镗孔等加工。

数控编程与加工是一门实践性很强的技术。本书是作者在长期的数控车削理论教学基础上，结合丰富的机床操作实践经验编写而成的，主要内容包括数控车床必备知识、数控车中级工考证实例精讲、数控车高级工考证实例精讲、数控车技师考证实例精讲、CAXA 数控车自动编程和企业件经典实例精讲等，做到了理论联系实际，向读者提供了一个全方位展示数控编程和加工的平台。书中内容以近几年来数控车工考证试题为主，内容由浅入深，通过实例编程和加工，可以大大缩短读者的学习时间，达到事半功倍的效果。

本书在编写过程中，突出了以下特点：①由浅入深。本书首先从最简单的加工编程开始进行示例讲解，再至复杂的零件加工方法。②实用性强。本书所介绍的每一个实例均来自于教学和生产实际，能让读者在最短时间内掌握操作技巧。③讲解详尽。本书对每个实例进行了详细的讲解，并配以图片，使读者逐步加深对加工编程的理解。④实例丰富。扫描下方二维码可下载书中的所有实例模型，读者可以在学习过程中参考练习。⑤突出实践环节。本书还讲解了用数控车床加工的全过程和操作技巧、常见故障的处理方法等。

由于编著者水平有限，书中难免有错误和不妥之处，恳请广大读者提出宝贵意见。

编著者

目　录

第1章 数控车床必备知识

数控车床是装备了数控系统或采用了数控技术的车床。数控车床是使用最广泛的数控机床之一，主要用于加工轴类、盘类等回转体零件。它能够通过程序控制自动完成内外圆柱面、锥面、圆弧、螺纹、滚花等的加工，并能进行切槽、钻孔、扩孔、镗孔、铰孔等加工，如图1-1所示。

a) 卧式数控车床　　　　　　　　　　　　b) 立式数控车床

图1-1　数控车床

1.1　数控车床的加工特点

与传统车床相比，数控车床比较适合车削具有以下要求和特点的回转体零件：

1. 精度要求高的零件

由于数控车床的刚性好，制造和对刀精度高，以及能方便和精确地进行人工补偿甚至自动补偿，所以它能够加工尺寸精度要求高的零件。有些场合甚至可以以车代磨。

2. 表面粗糙度小的回转体零件

在材质、精车余量和刀具已定的情况下，零件表面粗糙度取决于进给速度和切削速度。数控车床具有恒线速度切削功能，可以选用最佳线速度来切削，这样能够保证零件表面有最佳的表面粗糙度。

3. 轮廓形状复杂的零件

数控车床具有圆弧插补功能，可以直接用圆弧指令来加工圆弧轮廓，也可以加工任意平面曲线所组成的轮廓回转面，还可以加工用方程描述的曲线和加工列表曲线。

4. 一些特殊类型螺纹的零件

传统车床只能加工等螺距的直、锥面公制或英制螺纹。数控车床不但能加工任何等螺距的直、锥面螺纹，而且能够加工增螺距、减螺距，以及要求在等螺距和变螺距之间平滑过渡的螺纹。数控车床还具有精密螺纹切削功能，可以用好的刀具和高的转速加工一些精度高、表面粗糙度低的高精度螺纹。

5. 超精密、超低表面粗糙度的零件

对于磁盘、磁头、激光打印机的多面反射体、复印机的回转鼓、照相机光学设备的透镜及模具等需要超高轮廓精度和超低表面粗糙度的零件，适合用高精度、高功能的数控车床来加工。超精加工的轮廓精度可达 $0.1\mu m$，表面粗糙度可达 $0.2\mu m$。

1.2 数控车床的控制原理及组成

1.2.1 数控车床的控制原理

数控车床是一种高度自动化的机床，它用数字化的信息来实现自动化控制，其过程是：将加工零件的有关信息如工件与刀具相对运动轨迹的尺寸参数、切削加工的工艺参数，以及各种辅助操作等加工信息，用规定的文字、数字和符号组成的代码，按一定的格式编写成加工程序通过输入设备输入到数控装置中，由数控装置经过分析处理后，发出各种与加工程序相对应的信号和控制指令来控制机床进行自动加工。

1.2.2 数控车床的组成

数控车床由输入输出设备、计算机数控系统、伺服系统、车床本体等组成，如图 1-2 所示。

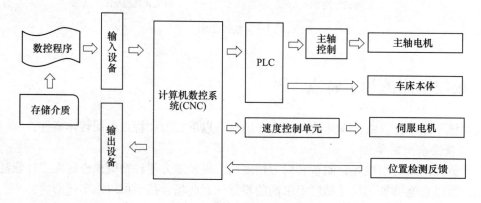

图 1-2　数控车床控制系统

1. 输入输出设备

输入输出设备主要实现编制程序、输入程序、输入数据及显示、存储和打印功能。常用的输入输出设备有键盘、磁盘、CRT 显示器、RS232 串行通信接口等。

2. 数控系统

数控系统是数控车床的大脑和核心。现代数控车床通常采用计算机控制。它是一种专用计算机，它的功能是接受输入设备输入的加工信息，经过数控系统的译码、运算和逻辑处理后，发出相应的各种信号和指令给伺服系统，控制车床的各个运动部件按照规定要求动作。

3. 伺服系统

伺服系统是数控车床的关键部分，它影响数控车床的动态特性和加工精度。伺服系统接收计算机运算处理后分配来的信号，经过调节、转换、放大以后，驱动伺服电机、带动数控车床的执行部件运动。伺服系统按照类型可以分为开环、闭环和半闭环三种。在闭环和半闭环系统中，还配备有检测装置，检测伺服电机或工作台的实际位移量，通过反馈来控制执行部件的进给运动，以实现精确的定位和位移。

4. 车床本体

车床本体是数控车床的主体，主要包括主运动部件、进给运动部件（例如主轴、工作台、刀架）和支承部件（例如床身、立柱），还有冷却、润滑、转位部件，以及夹紧、换刀等辅助装置。

1.3 数控车床坐标系和参考点

数控车床的坐标系分为机床坐标系（MCS）和工件坐标系（WCS）。无论哪种坐标系，规定与机床主轴轴线平行的方向为 Z 轴方向，刀具远离工件的方向为 Z 轴正方向。X 轴位于水平面内，且垂直于主轴轴线方向，刀具远离主轴轴线的方向为 X 轴正方向。

机床坐标系的原点一般定义为主轴旋转中心与卡盘后端面的交点。工件坐标系的原点是编程的原点，它是在工件装夹完毕后，通过对刀来设定的。一般来讲，工件原点选择在工件的右端面中心处，也有选择工件左端面或卡爪前端面中心处的。

机床参考点是用于对机床运动进行检测和控制的固定位置点。机床参考点的位置是机床制造厂家设定好的。机床在开机执行回零操作之后，工作台会移动，回到机床的参考点。数控铣床的机床参考点和机床坐标系的原点是重合的。数控车床的机床参考点与机床坐标系的原点不重合，通常是离机床最远的极限点，如图 1-3 所示。

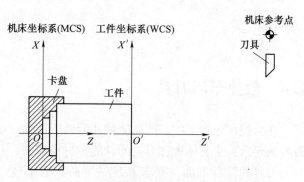

图 1-3 数控车床坐标系和参考点

刀架是数控车床非常重要的部件。数控车床刀架的结构形式一般为回转式，刀具沿圆周方向安装在刀架上，可以安装径向车刀、轴向车刀、钻头、镗刀。车削加工中心还可安装轴向铣刀、径向铣刀。少数数控车床的刀架为直排式，刀具沿一条直线安装。

前置刀架的径向（X 向）退刀方向是往操作者方向。优点是装刀方便，价格便宜；缺点是只有四个刀位，目前应用较少，如图 1-4a 所示。

后置刀架的径向退刀与操作者方向相反。后置刀架优点是刀位比前置刀架多，装卸工件方便，缺点是价格昂贵。目前市面上常见的是后置刀架数控车床，如图 1-4b 所示。

数控车床回零时，通常是刀架移动到离卡盘最远的极限点。前置刀架和后置刀架的坐标系如图 1-5 所示。

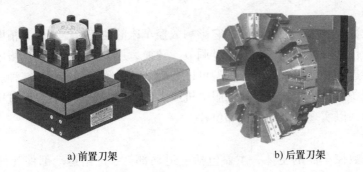

a) 前置刀架　　　　　　　　b) 后置刀架

图1-4　前置刀架和后置刀架

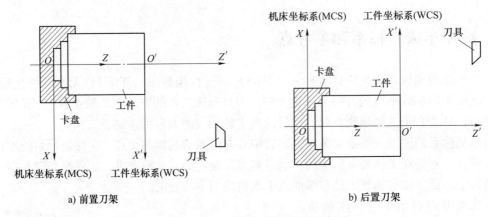

a) 前置刀架　　　　　　　　b) 后置刀架

图1-5　前置刀架和后置刀架的坐标系

1.4　数控车床刀具

在数控车床加工中，产品质量和劳动生产率在很大程度上受到刀具的制约。数控车床对刀具的要求，主要体现在刀具的性能和材料方面。

刀具的性能方面，要求刀具强度高、精度高、切削速度和进给速度快、可靠性好、寿命长、断屑及排屑性能好。刀具的材料方面，要求刀具必须具备较高的硬度和耐磨性、较高的耐热性、足够的强度和韧性、较好的导热性、良好的工艺性和较好的经济性。

为了减少换刀时间和方便对刀，目前数控车床上已经广泛采用标准化刀具，即机夹可转位车刀。刀具材料也多采用高速钢、硬质合金、涂层刀具、非金属（陶瓷、金刚石和立方氮化硼）等，以满足刀具性能要求。

具有机夹可转位硬质合金刀片的车刀是目前主要的数控车刀刀具，结构上一般由刀片、刀垫、夹紧机构和刀杆组成，如图1-6所示。

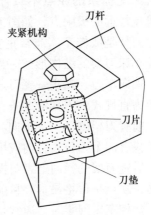

图1-6　常用机夹可转位车刀结构

机夹可转位硬质合金刀片目前已标准化，其型号、尺寸和技术条件请参考 GB/T 5343.1—2007《可转位车刀及刀夹 第 1 部分：型号表示规则》及 GB/T 5343.2—2007《可转位车刀及刀夹 第 2 部分：可转位车刀型式尺寸和技术条件》等。

常见的可转位车刀刀片形状及代号见表 1-1。

表 1-1 可转位车刀刀片的形状及代号

字母代号	刀片形状	刀片型式
H	六边形	等边，等角
O	八边形	
P	五边形	
S	四边形	
T	三边形	
C	菱形 80°	等边但不等角
D	菱形 55°	
E	菱形 75°	
M	菱形 86°	
V	菱形 35°	
W	六边形 80°	
L	矩形	不等边但等角
A	85°刀尖角平行四边形	不等边，不等角
B	82°刀尖角平行四边形	
K	55°刀尖角平行四边形	
R	圆形刀片	圆形

数控车床刀具按照功能可以分为外圆车刀、内圆车刀、端面车刀、切槽刀、螺纹车刀、镗孔刀等。

1.5 数控车床基本指令

1.5.1 基本功能指令

1. G21/G20

分别为公制尺寸（mm）/英制尺寸（in）。机床开机后，默认为 G21 公制尺寸。

2. 绝对坐标（X、Z）和增量坐标（U、W）

绝对坐标是指刀具运动过程中，刀具的位置坐标以程序建立的坐标系原点进行标注或计算。增量坐标是指刀具运动的位置坐标以刀具当前位置到下一个位置的增量来计算。

3. 主轴功能（S）

主轴功能 S 指令称为主轴转速功能，S 代码后的数值为主轴转速，单位为 r/min。

G96 是恒线速度控制指令，系统执行 G96 指令后，可以用 S 指令表示切削速度。

例：G96 S200 表示恒切削线速度为 200m/min。

也就是说，此时在加工不同直径的外圆面时，主轴转速是变化的，能够保证刀具在外圆直径处的切削线速度恒定。

当采用恒线速度控制指令（G96）加工时，主轴的转速会随着工件直径的变小而增大。当加工到工件的中心，比如端面切削时，主轴转速就会变得很高，为了防止飞车，此时需要限制主轴最高转速。

FANUC 系统主轴最高转速用 G50 设定。

例：G50 S2000 表示主轴最高转速为 2000r/min。

SIEMENS 系统用 G96 S_LIMS = _设定。

例：G96 S200 LIMS = 2000 表示主轴恒线速度为 200m/min，转速上限为 2000r/min。

G97 指令取消恒线速度控制，恢复到主轴转速。

例：G97 S1000 表示取消恒线速度控制，恢复主轴转速 1000r/min。

4. 刀具功能（T）

T 代码用于选择刀库中的刀具，由地址功能码和后面若干位数字组成。

例：T0202 表示选择 2 号刀，2 号偏置量；T0300 表示选择 3 号刀，刀具偏置量取消。

还可以采用 T、D 指令编程，T 表示刀具，D 表示刀具偏置量。

例：T3D1 表示 3 号刀，采用刀具偏置表 1 号偏置数值，多见于 SIEMENS 系统。

5. 进给功能（F）

F 代码后面的数值表示刀具的运动速度，单位为 mm/min 或 mm/r，见表 1-2。

表 1-2 进给功能代码 F

数控系统	每分钟进给/（mm/min）	每转进给/（mm/r）	开机后系统默认
FANUC	G98	G99	G99 状态
SIEMENS	G94	G95	G94 状态

6. 辅助功能（M）

辅助功能指令称为 M 指令，由字母 M 和后面两位数字组成，从 M00～M99 有 100 种。这类指令主要是车床加工操作的工艺性指令，常见的 M 指令及含义见表 1-3。

表 1-3 辅助功能代码 M

M 指令	含　义
M00	程序停止
M01	计划停止
M02	程序结束
M03	主轴正转
M04	主轴反转
M05	主轴停止
M06	换刀
M07	2 号切削液开
M08	1 号切削液开
M09	切削液关
M30	程序结束并返回开始处
M98	调用子程序
M99	返回子程序

1.5.2 直线、圆弧插补指令

1. 快速定位 G00

G00 指令是在工件坐标系中，刀具在当前位置以快速移动速度移动到由绝对或增量指令指定的位置。在绝对指令中用终点坐标编程，在增量指令中用刀具移动的距离编程。

指令格式：G00 X(U)＿ Z(W)＿

式中　X、Z——绝对编程时目标点在工件坐标系中的坐标，X 为直径值；

　　　U、W——增量编程时刀具移动的距离，U 为直径值。

例：G00 X22 Z2 表示刀具快速移动到工件坐标系（22，2）处。

2. 直线插补 G01

G01 指令用于刀具直线插补运动，使刀具以给定的进给速度 F，从所在点出发，直线移动到目标点。

指令格式：G01 X(U)＿ Z(W)＿ F＿

式中　X、Z——绝对编程时目标点在工件坐标系中的坐标，X 为直径值；

　　　U、W——增量编程时刀具移动的距离，U 为直径值；

　　　　　　F——进给速度。

例：G01 X22 Z-35 F150 表示刀具以 150mm/min 的速度直线移动到（22，-35）处。

3. 顺/逆时针圆弧插补 G02/G03

圆弧插补指令使刀具在指定平面内按照给定的进给速度 F 做圆弧运动切削出圆弧轮廓。指令格式有两种：

（1）用 I、K 指定圆心位置

指令格式：G02/G03 X(U)＿ Z(W)＿ I＿ K＿ F＿

（2）用圆弧半径 R 指定圆心位置

指令格式：G02/G03 X(U)＿ Z(W)＿ R＿ F＿

式中　X(U)、Z(W)——圆弧的终点坐标；

　　　　　I、K——指定圆心位置，其值为圆弧起点到圆弧中心的坐标增量，其中 I 为 X 轴分量（直径值），K 为 Z 轴分量；

　　　　　　　F——进给速度；

　　　　　　　R——圆弧半径。

圆弧插补方向的简便记忆方法是：由 X 轴正向到 Z 轴正向为顺时针 G02；由 Z 轴正向到 X 轴正向为逆时针 G03，与刀架的前置后置无关，如图 1-7 所示。

例：如图 1-8 所示，请写出从 A 到 B 和从 C 到 D 的程序。

由图可知为后置刀架，假设刀具目前在 A 点，A 到 B 为逆时针方向，从 A 到 B 的程序为：

```
        G03 X10 Z-2 R2
或者    G03 U4 W-2 R2
或者    G03 X10 Z-2 I0 K-2
或者    G03 U4 W-2 I0 K-2
```

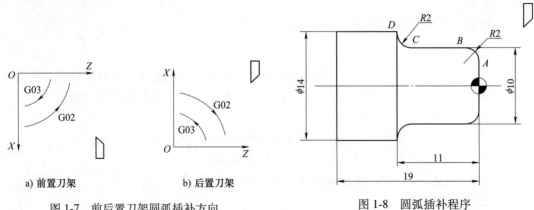

a) 前置刀架　　　　　　　　b) 后置刀架

图 1-7　前后置刀架圆弧插补方向　　　　　图 1-8　圆弧插补程序

假设刀具目前在 C 点，C 到 D 为逆时针方向，从 C 到 D 的程序为：

　　　　　G02 X14 Z-11 R2

或者　　　G02 U4 W-2 R2

或者　　　G02 X14 Z-11 I4 K0

或者　　　G02 U4 W-2 I4 K0

注：在没有特别说明的情况下，X、U、I 均为直径值或增量。

1.5.3　单一固定循环指令

加工轴类零件的圆柱面、圆锥面、端面等，采用 G90、G94 编程，用一个程序指令完成一个加工循环，称为单一固定循环指令。

1. 单一切削循环指令 G90

G90 是单一形状固定循环指令，主要用于轴类零件的外圆、锥面加工。

（1）外圆切削循环指令 G90

指令格式：G90 X（U）_ Z（W）_ F_

式中　X、Z——圆柱面切削终点的绝对坐标值；

　　　 U、W——切削终点相对于循环起点的增量值；

　　　　　F——进给速度，如图 1-9 所示。

执行此指令时，刀具从循环起点开始按照矩形箭头指示方向循环，虚线表示快速移动，实线表示切削运动。

例：如图 1-10 所示，编写外圆车削程序，毛坯为 ϕ30mm 的圆钢。

程序如下：

G00　X36　Z2　　　　　　　　　循环起点

G90　X26　Z-22　F80　　　　　第一刀，吃刀量 2mm

X22　　　　　　　　　　　　　第二刀，吃刀量 2mm

X20　　　　　　　　　　　　　第三刀，吃刀量 1mm

（2）锥面切削循环指令 G90

指令格式：G90 X（U）_ Z（W）_ R_ F_

式中　X、Z、U、W、F——各参数值均与外圆车削循环指令相同；

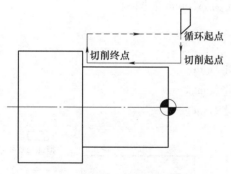

图 1-9　外圆切削循环示意图

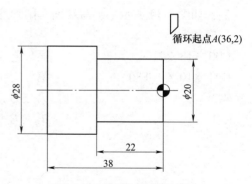

图 1-10　外圆切削循环实例

R——圆锥面切削起点与圆锥面切削终点的半径差，如图 1-11 所示。

例：如图 1-12 所示，编写外圆锥面车削程序，毛坯为 ϕ30mm 的圆钢。

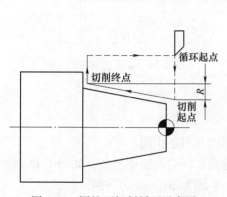

图 1-11　圆锥面切削循环示意图

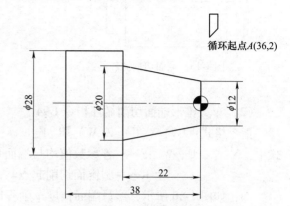

图 1-12　外圆锥面切削循环实例

程序如下：

G00　X36　Z2	循环起点
G90　X32　Z-22　R-4　F80	第一刀，吃刀量 3mm
X26	第二刀，吃刀量 3mm
X20	第三刀，吃刀量 3mm

2. 端面切削循环指令 G94

G94 指令用于加工一些较短、端面较大零件的垂直端面或锥形端面。该指令直接以较大余量对毛坯进行粗加工，以去除大部分毛坯余量。

（1）车大端面切削循环指令 G94

指令格式：G94　X（U）_ Z（W）_ F_

式中　X、Z——圆柱面切削终点的绝对坐标值；

　　　U、W——切削终点相对于循环起点的增量值；

　　　F——进给速度，如图 1-13 所示。

执行此指令时，刀具从循环起点开始按照矩形箭头指示方向循环，虚线表示快速移动，实线表示切削运动。

例：如图 1-14 所示，编写端面车削程序，毛坯为 $\phi16$mm 的圆钢。

程序如下：

G00 X18 Z2	循环起点
G94 X10 Z-1 F80	第一刀，吃刀量 1mm
Z-2	第二刀，吃刀量 2mm
Z-3	第三刀，吃刀量 1mm

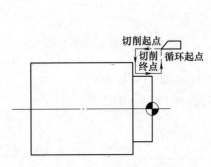

图 1-13 端面切削循环示意图

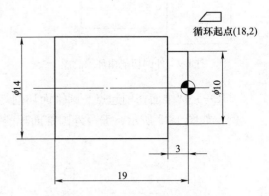

图 1-14 端面切削循环实例

（2）车大锥形端面切削循环指令 G94

指令格式：G94 X（U）_ Z（W）_ R_ F_

式中 X、Z、U、W、F——各参数值均与端面切削循环指令相同；

R——圆锥面切削起点与圆锥面切削终点的半径差，如图 1-15 所示。

例：如图 1-16 所示，编写端面锥度车削程序，毛坯为 $\phi16$mm 的圆钢。

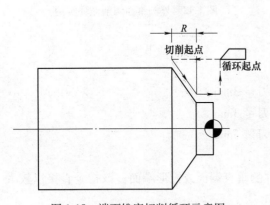

图 1-15 端面锥度切削循环示意图

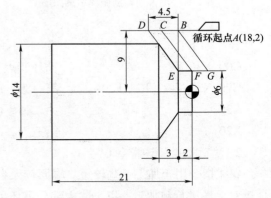

图 1-16 端面锥度切削循环实例

要想保证图中锥度的水平尺寸 3mm，循环起点为（18，2），通过相似三角形可得，$R/3=(18-6)/(14-8)$，可以求得 $R=4.5$mm，图中各点的坐标为 $A(18，2)$，$B(18，-2)$，$C(18，-4.5)$，$D(18，-6.5)$，$E(6，-2)$，$F(6，0)$，$G(6，2.5)$，分三刀走完。

程序如下：

G00 X18 Z2	循环起点
G94 X6 Z2.5 R-4.5 F80	第一刀，吃刀量大约为 2mm，走刀路线为 A—B—G

Z0   第二刀，吃刀量大约为2mm，走刀路线为A—C—F

Z-2   第三刀，吃刀量大约为2mm，走刀路线为A—D—E

G90和G94的区别：G90用于X方向变化大于Z方向变化的情况；G94用于Z方向变化大于X方向变化的情况。

1.5.4 复合循环指令

复合循环车削指令是为了更简化编程而提供的固定循环，只需给出加工形状的轨迹，指定车削加工的吃刀量，系统会自动计算出加工路线和加工次数。

（1）外径粗车循环指令G71   G71适用于圆柱毛坯粗车外径和圆筒毛坯粗车内径。G71指令将工件切削至精加工之前的尺寸，精加工之前的形状及粗加工刀具路径由系统根据精加工尺寸自动设定。G71加工路径如图1-17所示，A为循环

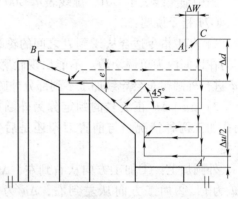

图1-17   G71外径粗车循环加工路径

起点。A点一般设定在工件毛坯外，以后置刀架从右往左加工为例，A点X向比毛坯直径大1~2mm，Z向距离右端面1~2mm。

指令格式：G71 U(Δd) R(e)

            G71 P(ns)Q(nf)U(Δu)W(Δw)F(f)S(s)T(t)

            N(ns)…

               ⋮

            N(nf)…

               ⋮

式中 Δd——每次吃刀量（半径指定），不带符号；

         e——退刀量，模态值，在下次指定前均有效；

        ns——循环程序中第一个程序段的顺序号；

        nf——循环程序中最后一个程序段的顺序号；

        Δu——径向（X轴方向）精车余量；

        Δw——轴向（Z轴方向）精车余量；

  f、s、t——分别表示粗切时的进给速度、主轴转速、刀具号。

循环过程如下：

1）刀具从循环起点A（X_A，Z_A）G00快速移动到C点，X轴移动$\Delta u/2$、Z轴移动Δw，C点坐标（$X_A+\Delta u$，$Z_A+\Delta w$）。

2）从C点开始向X轴方向G01进刀Δd。

3）向Z轴方向切削到轮廓。

4）以G01方式45°方向退刀，退刀量e。

5）Z轴方向以G00快速退回到C点的Z轴坐标值（图中为了区分多次循环，留有间隙）。

6）X轴方向再次进刀，进刀量$\Delta d+e$。

7）重复步骤3）~6）。

8）最后一刀，刀具在 X 轴方向进给到预留的精车余量处 A' 点，从 A' 开始粗车轮廓至 B 点。

9）从 B 点以 G00 快速移动到循环起点 A。

图中细实线表示 G01，虚线表示 G00。

G71 指令说明：

1）G71 指令适合从 A' 到 B 之间的轮廓在 X 轴和 Z 轴方向逐渐增加或逐渐减小，可以理解为在区间内为单调函数。不能出现轮廓波浪起伏或者中间有凹槽等情况，否则以进刀量 Δd 进行外圆粗车会导致加工不到部分外圆直径较低处的轮廓。

2）Δu、Δw 正负号的判定分为外圆加工和内孔加工两种情况，与前置刀架还是后置刀架无关。

外圆加工：①加工方向从右到左，Δu 为+，Δw 为+；②加工方向从左到右，Δu 为+，Δw 为-。

内孔加工：①加工方向从右到左，Δu 为-，Δw 为+；②加工方向从左到右，Δu 为-，Δw 为-。

以上规律可总结为：外圆加工，Δu 为+；内孔加工，Δu 为-。从右到左，Δw 为+；从左到右，Δu 为-，适用于 G71、G72、G73 等指令。

例：编写程序加工如图 1-18 所示的阶梯轴零件，毛坯为 $\phi40$mm 的圆钢。

程序如下：

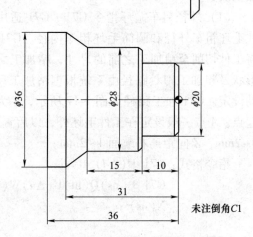

图 1-18　G71 外径粗车循环加工实例

N10	M03 S800	主轴正转，转速为 800r/min
N20	T0101	换 1 号外圆车刀
N30	G98	采用公制进给（mm/min）
N40	G00 X44 Z2	循环起点
N50	G71 U3 R1	设定进退刀量
N60	G71 P70 Q150 U0.5 W0.3 F100	进入外圆粗车循环
N70	G00 X18	快速定位到倒角 X 方向起点
N80	G01 Z0 F50	走刀到倒角 Z 方向起点
N90	X20 Z-1	车削倒角
N100	Z-10	粗车 $\phi20$mm 外圆
N110	X26	倒角起点定位（26，-10）
N120	X28 Z-11	倒角
N130	Z-25	粗车 $\phi28$mm 外圆
N140	X36 Z-31	粗车锥面
N150	Z-36	粗车 $\phi36$mm 外圆

N160	M03 S1200	主轴转速提至 1200r/min
N170	G70 P70 Q150 F40	精车轮廓
N180	G00 X100 Z200	返回换刀点
N190	M05	主轴停
N200	M30	程序结束

（2）端面粗车循环指令 G72　G72 适用于圆柱毛坯端面方向的粗车，G72 指令与 G71 指令有相似之处，不同的是 G72 的切削方向平行于 X 轴，G71 则平行于 Z 轴。其余 Δd、e、ns、nf、Δu、Δw、f、s、t 等各参数意义与 G71 相同，如图 1-19 所示。循环起点 A 在毛坯轮廓外靠近端面位置，循环过程参考 G71，不同的是最后一刀的方向是从 B 到 A'。

指令格式：G72 W(Δd) R(e)
　　　　　G72 P(ns) Q(nf) U(Δu) W(Δw) F(f) S(s) T(t)
　　　　　N(ns)…
　　　　　　⋮
　　　　　N(nf)…
　　　　　　⋮

例：编写程序，从 B 点到 A 点用 G72 指令加工如图 1-20 所示的零件，毛坯为 ϕ45mm 的圆钢。

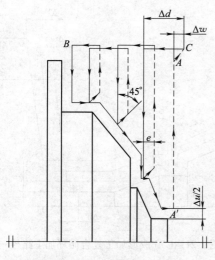

图 1-19　G72 端面粗车循环加工路径

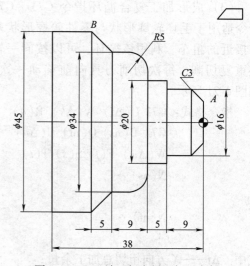

图 1-20　G72 端面粗车循环加工实例

程序如下：

N10	M03 S800	主轴正转，转速为 800r/min
N20	T0101	换 1 号外圆车刀
N30	G98	采用公制进给（mm/min）
N40	G00 X48 Z0	循环起点
N50	G01 X0 Z0 F100	车端面

N60	G00 X48 Z3	循环起点
N70	G72 W3 R1	设定进退刀量
N80	G72 P90 Q160 U0.5 W0.3 F100	进入粗车循环
N90	G00 Z-28	快速移动到 B 点正后方
N80	G01 X45	移动到 B 点
N90	X34 Z-23	车削锥面
N100	Z-19	粗车 ϕ34mm 外圆
N110	G02 X24 Z-14 R5	倒圆角 R5mm
N120	G01 X20 Z-14	车台阶面至 ϕ20mm 外圆
N130	Z-9	粗车 ϕ20mm 外圆
N140	X16	车台阶面至 ϕ16mm 外圆
N150	Z-3	粗车 ϕ16mm 外圆
N160	G01 X10 Z0	倒角
N170	M03 S1200	主轴转速提至 1200r/min
N180	G70 P70 Q150 F40	精车轮廓
N190	G00 X100 Z200	返回换刀点
N200	M05	主轴停
N210	M30	程序结束

（3）成形加工复合循环指令 G73　G73 指令适用于毛坯轮廓形状与零件轮廓形状基本接近的粗车。利用该循环，可以按同一轨迹重复切削，每次切削刀具向前移动一次，如图 1-21 所示。

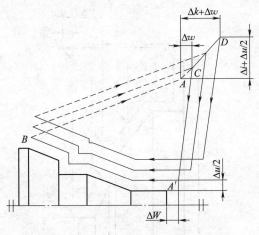

指令格式：G73 U(Δi) W(Δk) R(d)
　　　　　G73 P(ns) Q(nf) U(Δu)
　　　　　W(Δw) F(f) S(s) T(t)
　　　　　N(ns)…
　　　　　　⋮
　　　　　N(nf)…
　　　　　　⋮

图 1-21　G73 成形加工复合循环加工路径

式中　Δi——X 方向粗切总加工余量；

　　　Δk——Z 方向粗切总加工余量；

　　　d——循环次数；

　　　ns——循环程序中第一个程序段的顺序号；

　　　nf——循环程序中最后一个程序段的顺序号；

　　　Δu——径向（X 轴方向）精车余量；

　　　Δw——轴向（Z 轴方向）精车余量；

f、s、t——分别表示粗切时的进给速度、主轴转速、刀具号。

Δi 的计算：（循环起点 A 的 X 值-零件图中最小直径值）/2。

Δk 的计算：一般取 $(d+1)\,\Delta w$ 后圆整。

循环次数 d 的计算：根据加工的材料和刀具的不同，粗车加工的吃刀量约为 $1\sim 2.5$mm，$\Delta i/(1\sim 2.5)$，圆整后即可得到 d 值。

例：编写程序加工如图 1-22 所示的零件，图中各点坐标为 $A(20，-5.61)$，$B(20.36，-16.39)$，$C(21.58，-34.92)$，$D(17，-41.29)$，$E(29，-55.39)$，毛坯为 $\phi 30$mm 圆钢。

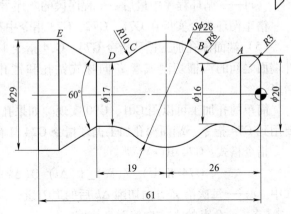

图 1-22 G73 成形加工复合循环加工实例

程序如下：

N10	M03 S800	主轴正转，转速为 800r/min
N20	T0101	换 1 号外圆车刀
N30	G98	采用公制进给（mm/min）
N40	G00 X32 Z2	循环起点
N50	G73 U8 W3 R8	设定总进刀量及循环次数
N60	G73 P70 Q160 U0.5 W0.3 F100	进入 G73 粗车循环
N70	G00 X14	进刀至 $R3$mm 圆弧 X 值
N80	G01 Z0	进刀至工件表面
N90	G03 X20 Z-3 R3	倒圆角 $R3$mm
N100	G01 Z-5.61	粗车外圆 $\phi 20$mm 到达 A 点
N110	G02 X20.36 Z-16.39 R8	粗车圆弧 $R8$mm
N120	G03 X21.58 Z-34.92 R14	粗车球面 $S\phi 28$mm
N130	G02 X17 Z-41.29 R10	粗车圆弧 $R10$mm 至 D 点
N140	G01 X17 Z-45	粗车 $\phi 17$mm 外圆
N150	X29 Z-55.39	粗车 60°锥面
N160	Z-61	粗车 $\phi 29$mm 外圆
N170	M03 S1200	轴转速提至 1200r/min
N180	G70 P70 Q160 F40	精车轮廓
N190	G00 X100 Z200	返回换刀点
N200	M05	主轴停
N210	M30	程序结束

注：对于零件外轮廓形状非单调递增或非单调递减的情况，用 G73 指令加工是比较合适的，而 G71 或 G72 指令就不合适。

（4）精车循环指令 G70 G71、G72、G73 粗切后，用 G70 指令进行精车加工。

指令格式：G70 P（ns）Q（nf）

式中   ns——循环程序中第一个程序段的顺序号；

nf——循环程序中最后一个程序段的顺序号。

精车循环指令实例在 G71、G72、G73 指令中都有过介绍，这里不再重复。

（5）端面深孔加工循环指令 G74   G74 指令主要用来加工端面切槽和端面深孔，用于工件端面之间的沟槽切削或者 Z 向啄式钻孔和镗孔。在实际应用中，以深孔钻和镗孔加工居多。

简单的孔加工可以用 G01、G90 实现。如果孔较大并且较深，在切削时需要断屑，就需要用到 G74 指令，端面深孔加工循环指令 G74 具有自动断屑功能，使程序简洁明了。

指令格式：G74 R(e)

G74 X(U)_ Z(W)_ P(Δi) Q(Δk) R(Δd) F(f)

式中 e——每次沿 Z 方向切削 Δk 后的退刀量，没有指定 R(e) 时，用参数也可以设定；

X——B 点的 X 方向绝对坐标值；

U——A 到 B 沿 X 方向的增量；

Z——C 点的 Z 方向绝对坐标值；

W——A 到 C 沿 Z 方向的增量；

Δi——X 方向的每次循环移动量（无符号，单位为 μm）；

Δk——Z 方向的每次切削移动量（无符号，单位为 μm）；

Δd——切削到终点时 X 方向的退刀量（直径），通常不指定，省略 X（U）和 Δi 时，则为 0；

f——进给速度。

如图 1-23 所示，循环过程如下：

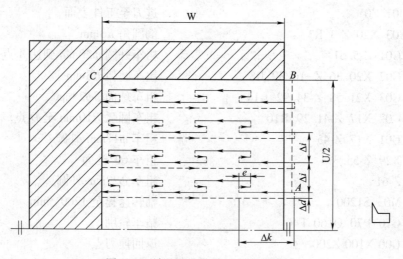

图 1-23   端面深孔钻循环 G74 示意图

1）刀具从循环起点 $A(X_A，Z_A)$ 开始，Z 方向以 G01 进刀 Δk，然后原路回退 e，重复循环多次，当最后一次进刀量小于 Δk 时，则直接到达设定深度 W。

2）X 方向以 G00 速度快速退刀 Δd，回到循环起点的 Z 向坐标值。

3）X 方向以 G00 速度朝 B 点方向移动 Δi，进入下一个循环。

4）重复步骤1）~3），当最后一个循环 X 方向的移动量小于 Δi 时，则直接加工到达 C 点，C 点坐标为（U, $-W$），然后由 C 点快速退刀到 B 点，B 点坐标为（U, Z_A）。

5）从 B 点以 G00 速度回到 A 点。

图中细实线表示 G01，虚线表示 G00。

说明：当 X(U)_、P(Δi) 不指定时，G74 即为深孔钻循环。当端面先钻好孔，然后用镗孔刀加工时，G74 是镗孔循环。当用切槽刀加工端面时，G74 是端面切槽循环。

例：编写程序加工如图 1-24 所示的零件，毛坯为 ϕ80mm 圆钢。所用刀具为：1 号外圆车刀，2 号内径车刀，3 号镗孔刀，4 号 ϕ16mm 麻花钻。

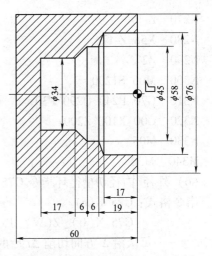

图 1-24 端面深孔钻循环 G74 实例

程序如下：

程序	说明
N10　M03 S800	主轴正转，转速为 800r/min
N20　T0101	换 1 号外圆车刀
N30　G98	采用公制进给（mm/min）
N40　G00 X80 Z0	
N50　G01 X0 Z0 F80	车端面
N60　G00 X80 Z2	G90 循环起点
N70　G90 X77 Z-60 F80	单一循环 G90 车外圆第一刀
N80　X76	车外圆至 ϕ76mm
N90　G00 X100 Z200	返回换刀点
N100　T0404	换 4 号刀 ϕ16mm 钻头
N100　G00 X0 Z2	G74 钻孔循环起点
N110　G74 R3	
N120　G74 Z-47.5 Q10000 F20	G74 深孔啄钻 ϕ16mm 孔
N130　G00 X100 Z200	
N140　T0303	换 3 号镗孔刀
N160　G00 X16 Z2	G74 镗循环起点
N170　G74 R2	
N180　G74 X34 Z-48 P3000 Q5000 R1 F20	G74 镗 ϕ34mm 孔，深 48mm
N190　G00 X200 Z200	
N200　T0202	换 2 号内径车刀
N210　G00 X32 Z2	G72 扩孔循环起点
N220　G72 W1.5 R1	
N230　G72 P240 Q290 U-0.5 W-0.3 F40	内孔端面车削循环 G72
N240　G01 Z-31	到达粗车扩孔起点 Z 向
N250　X34	到达粗车扩孔起点
N260　X45 Z-25	粗车锥面孔从 ϕ34mm 至 ϕ45mm

N270	Z-19	粗车内孔 $\phi45$mm
N280	X58 Z-17	粗车锥面孔从 $\phi45$mm 至 $\phi58$mm
N290	Z2	粗车内孔 $\phi58$mm
N300	M03 S1200	转速为1200r/min
N310	G70 P240 Q290 F30	精车内孔
N320	G00 X100 Z200	
N330	M05	主轴停
M340	M30	程序停止

（6）外径/内径切槽循环指令 G75

指令格式：G75 R(e)

　　　　　G75 X(U)_ Z(W)_ P(Δi) Q(Δk) R(Δd) F(f)

式中　e——每次沿 X 方向切削 Δi 后的退刀量；

　　　X——C 点的 X 方向绝对坐标值；

　　　U——A 到 C 的增量；

　　　Z——B 点的 Z 方向绝对坐标值；

　　　W——A 到 B 的增量；

　　　Δi——X 方向的每次循环移动量（无符号，单位为 μm）；

　　　Δk——Z 方向的每次切削移动量（无符号，单位为 μm）；

　　　Δd——切削到终点时 X 方向的退刀量（直径），通常不指定，省略 X(U) 和 Δi 时，则为0；

　　　f——进给速度。

外径/内径切槽循环指令 G75 主要用于外径或内径的切槽，G75 与 G74 的区别就是 X 方向和 Z 方向互换，循环过程可以参考 G74，如图 1-25 所示。

例：编写程序加工如图 1-26 所示的零件，毛坯为 $\phi45$mm 圆钢。所用刀具为：1 号 外圆车刀，宽度为 4mm 的 2 号切槽刀。

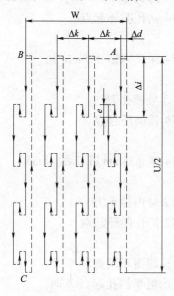

图 1-25　外径/内径切槽循环 G75 示意图

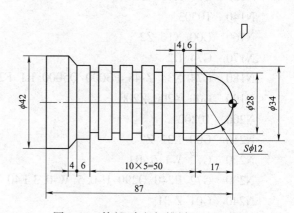

图 1-26　外径/内径切槽循环 G75 实例

分析：由于图中为等距槽，因此选用与槽宽一致的切槽刀，选择切槽刀的刀宽为 4mm，这样每槽间距为 10mm，适合用 G75 编程。加工时先进行外圆及半球的车削，然后进行切槽加工。

在加工外圆及半球时，根据零件轮廓特征，ϕ34mm 外圆较长且直径变化比较平缓，半球 $S\phi$12mm 处直径变化较为剧烈。这里用 G71 编程较为合适，分为两段，第一段加工 ϕ34mm 和 ϕ42mm 外圆，X 方向每次进刀量可以取大一些。$S\phi$12mm 处直径变化较为剧烈，为了保证半球的余量均匀，X 方向每次进刀量取小一些。如果统一用 G73 编程，会导致 ϕ34mm 外圆循环次数过多，每次切削量较小，影响加工效率。

程序如下：

N10	M03 S800	主轴正转，转速为 800r/min
N20	T0101	换 1 号外圆车刀
N30	G98	采用公制进给（mm/min）
N40	G00 X50 Z0	
N50	G01 X0 Z0 F100	车端面
N60	G00 X50 Z2	循环起点
N70	G71U3 R0.5	G71 粗车 ϕ34mm 及 ϕ42mm 外圆循环
N80	G71 P90 Q120 U0.5 W0.3 F100	
N90	G01 X34 Z2	X 方向到位
N100	Z-73	粗车 ϕ34mm 外圆
N110	G01 X42 Z-77	粗车锥面
N120	Z-87	粗车 ϕ42mm 外圆
N130	M03 S1200	
N140	G70 P90 Q120 F40	精车 ϕ34mm 及 ϕ42mm 外圆
N150	G00 X38 Z2	循环起点
N160	G71 U1.5 R0.5	
N170	G71 P180 Q210 U0.5 W0.3 F100	粗车 $S\phi$12mm 半球循环
N180	G00 X0 Z2	
N190	G01 Z0	进刀到半球切削起点
N200	G03 X24 Z-12	半球加工
N210	G01 X34 Z-17	锥面加工
N220	M03 S1200	
N230	G70 P180 Q210 F40	精车半球及锥面
N240	G00 X100 Z200	返回换刀点
N250	T0202	
N260	G00 X38 Z-27	G75 循环起点
N270	G75 R1	
N280	G75 X28 Z-67 P3000 Q10000 F20	G75 外径切槽循环
N290	G00 X100 Z200	
N300	M05	主轴停

N310 M30   程序停止

1.5.5 螺纹加工指令

螺纹加工指令分为等螺纹切削指令 G32、螺纹切削循环指令 G92 和螺纹切削复合循环指令 G76。

根据 GB/T 192~197 普通螺纹国家标准，普通螺纹牙型理论高度 $H = 0.866P$（P 为螺纹的螺距），如图 1-27 所示。

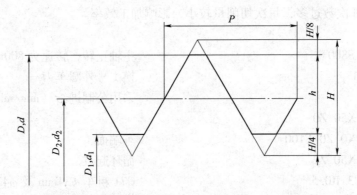

图 1-27 标准米制普通螺纹基本尺寸（GB/T 196—2003）

标准公制普通螺纹基本尺寸计算公式如下：

螺纹大径 $d = D$（螺纹的大径即螺纹的公称直径）

螺纹的中径 $d_2 = d - 2 \times (3H/8) = d - 3H/4 = d - 0.6495P$

$D_2 = D - 2 \times (3H/8) = D - 3H/4 = D - 0.6495P$

螺纹的小径 $d_1 = d - 2 \times (5H/8) = d - 5H/4 = d - 1.0825P$

$D_1 = D - 2 \times (5H/8) = D - 5H/4 = D - 1.0825P$

牙型高度 $h = H - H/8 - H/4 = 5H/8 = 0.5413P$

式中 D——内螺纹的基本大径（公称直径）；

d——外螺纹的基本大径（公称直径）；

D_2—— 内螺纹的基本中径；

d_2——外螺纹的基本中径；

D_1——内螺纹的基本小径；

d_1——外螺纹的基本小径；

H——原始三角形高度；

P——螺距。

上述公式摘自国家标准 GB/T 196—2003。由于螺纹车刀刀尖半径的影响，螺纹的实际切深有变化。螺纹车刀可在牙底最小削平高度 $H/8$ 处削平或倒圆，如图 1-28所示。

螺纹实际牙型高度可按照下列公式

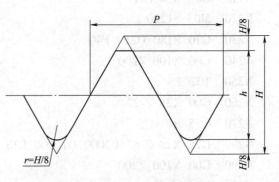

图 1-28 螺纹加工实际尺寸

计算：

$$h = H - 2 \times H/8 = 3H/4 = 0.6495P$$

则螺纹加工时，最后一次车削螺纹底径：

$$d_1 = d - 2h = d - 1.299P$$

$$D_1 = D - 2h = D - 1.299P$$

这也是很多版本的教材在编程计算时，"螺纹底径＝公称直径-1.3×螺距"这一公式的由来。

综合各种版本的计算公式，主要有以下几种：

① $d_1 = d - 1.0825P$ $D_1 = D - 1.0825P$ 国标计算值

② $d_1 = d - 1.299P$ $D_1 = D - 1.299P$ 实际计算值

③ $d_1 = d - 1.107P$ $D_1 = D - 1.107P$ 某教材推荐值

④ $d_1 = d - 1.2P$ $D_1 = D - 1.2P$ 网上经验值

综合各个版本的公式，结合平常的教学实践，这里我们选用公式② $d_1 = d - 1.299P$，$D_1 = D - 1.299P$。螺纹加工不是一次性完成的，需要进行多次切削，常用螺纹切削次数与吃刀量等参数见表1-4。

表1-4　螺纹切削次数与吃刀量等参数

公制螺纹							
螺距/mm	1	1.5	2	2.5	3	3.5	4
牙深/mm	0.649	0.974	1.299	1.624	1.949	2.273	2.598
背吃刀量/mm	1.3	1.95	2.6	3.25	3.9	4.55	5.2
切削次数对应的吃刀量/mm 1次	0.7	0.8	0.9	1.0	1.2	1.5	1.5
2次	0.4	0.5	0.6	0.7	0.7	0.7	0.8
3次	0.2	0.5	0.6	0.6	0.6	0.6	0.6
4次		0.15	0.4	0.4	0.4	0.6	0.6
5次			0.1	0.4	0.4	0.4	0.4
6次				0.15	0.4	0.4	0.4
7次					0.2	0.2	0.4
8次						0.15	0.3
9次							0.2

螺纹加工还需要注意的三个问题：

1）车削外螺纹时，车刀挤压会使螺纹大径尺寸胀大，因此，车削外螺纹前的外圆直径比螺纹的大径略小。当螺距为1.5~3.5mm时，外径一般可以小0.2~0.4mm。

2）车削内螺纹时，因为车刀的挤压作用，内孔直径会缩小，在车削塑性材料时较为明显。因此，在车削内螺纹前的孔径 $D_孔$ 应该比 D_1 略大些。按照下列公式计算：

车削塑性金属内螺纹时　　$D_孔 = D - P$

车削脆性金属内螺纹时　　$D_孔 = D - 1.05P$

3）螺纹行程的确定：在数控车床上加工螺纹时，由于机床伺服系统本身所具有的滞后特性，会在螺纹起始升速进刀阶段和停止降速退刀阶段发生螺距不稳定现象。因此，必须在切入和切出时留有足够的空刀行程，来保证螺纹长度 *L* 段的螺距标准，如图 1-29 所示。

δ_1：切入空刀行程，一般取 2~5mm

δ_2：切出空刀行程，一般取 $\delta_1/2$

（1）等螺距螺纹切削指令 G32

指令格式：G32 X（U）_ Z（W）_ F_

式中　X、Z——加工螺纹的终点坐标值；

　　　U、W——相对螺纹加工起点的终点坐标值；

　　　F——螺纹的导程。

例：用 G32 指令加工如图 1-30 所示螺纹，M16 粗牙螺纹螺距为 2mm。

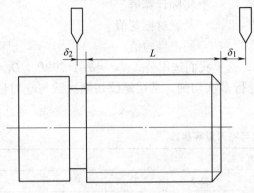

图 1-29　螺纹加工的空刀行程量

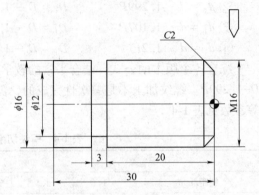

图 1-30　G32 指令螺纹加工实例

分析：M16×2 的螺纹小径为 13.4mm，牙高为 1.3mm，分 5 次加工，第 1~5 刀的 *X* 方向值分别为 15.1mm、14.5mm、13.9mm、13.5mm、13.4mm。

程序如下：

G00　X15.1　Z4	第 1 刀起点
G32　X15.1　Z-21.5　F2	第 1 刀
G00　X20　Z-21.5	退刀
Z4	返回
G01　X14.5　Z4	第 2 刀起点
G32　X14.5　Z-21.5　F2	第 2 刀
G00　X20　Z-21.5	退刀
Z4	返回
G01　X13.9　Z4	第 3 刀起点
G32　X13.9　Z-21.5　F2	第 3 刀
G00　X20　Z-21.5	退刀
Z4	返回
G01　X13.5　Z4	第 4 刀起点
G32　X13.5　Z-21.5　F2	第 4 刀
G00　X20　Z-21.5	退刀
Z4	返回

G01 X13.4 Z4 第5刀起点

G32 X13.4 Z-21.5 F2 第5刀

G00 X20 Z-21.5 退刀

注：G32属于基本指令，每一次的切削、退刀、定位都要描述，程序显得冗长。

（2）螺纹切削固定循环指令 G92

指令格式：G92 X(U)_ Z(W)_ R(i)_ F_

式中 X、Z——加工螺纹的终点坐标值；

U、W——相对螺纹加工起点的终点坐标值；

R——加工圆锥螺纹的切削起点和切削终点的半径差，i 值为0时，为圆柱螺纹；

F——螺纹的导程。

G92指令类似于G90单一固定循环指令，只要给定了循环起点，就可以按照规定动作完成一个循环，如图1-31所示。

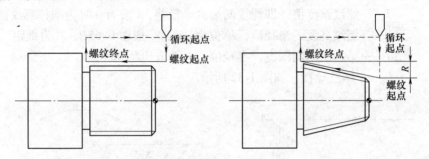

图1-31 G92螺纹切削固定循环指令示意图

例：将图1-30实例用G92指令编程。

程序如下：

M03 S300

T0101

G00 X20 Z4 循环起点

G92 X15.1 Z-21.5 F2 第1刀

X14.5 第2刀

X13.9 第3刀

X13.5 第4刀

X13.4 第5刀

G00 X100 Z200 返回换刀点

相比于G32指令，G92指令程序简洁明了。

（3）螺纹切削复合循环指令 G76

指令格式：G76 P(m)(r)(α) Q(Δd_{min}) R(d)

G76 X(U)_ Z(W)_ R(i) P(k) Q(Δd) F(L)

式中 m——精车重复次数，$m = 01 \sim 99$，一般取 $01 \sim 03$。若 $m = 03$，表示精车3次，第1刀是精车，有余量，第2、3刀是重复，重复精车的切削余量为0，主要是为了消除切削应力，提高螺纹精度和表面质量，对螺纹的牙型起修光的作用。

r——螺纹尾端倒角值，当导程由 L 表示时，单位为 $0.1L$，其值可以是 $00 \sim 99$，也就是长度为 $0 \sim 9.9L$。一般取 $00 \sim 20$，也就是长度为 $0 \sim 2L$，螺纹退尾功能可以实现无退刀槽螺纹的加工。

α——刀尖角度（螺纹的牙型角），可以从 $80°$、$60°$、$55°$、$30°$、$29°$、$0°$ 等 6 个角度中选取，用两位数指定，用于数控系统计算螺纹刀的每次切入量。

Δd_{min}——最小车削深度，用半径编程指定，单位为 μm。当计算的循环切削深度小于极限值时，车削深度就固定为这个值，该参数为模态量，一般取 $50 \sim 100 \mu m$。

d——精加工余量，半径值，单位为 μm，一般取 $50 \sim 100 \mu m$。

X（U）、Z（W）——螺纹终点的绝对坐标或增量坐标。

i——螺纹锥度值，即螺纹两端的半径差，i 值为 0 时为圆柱螺纹。

k——螺纹高度，半径值，单位为 μm，一般取 $0.65P$，P 为螺距。

Δd——第一次车削深度，半径值，一般取 $300 \sim 800 \mu m$。

L—— 螺纹导程，如图 1-32 所示。

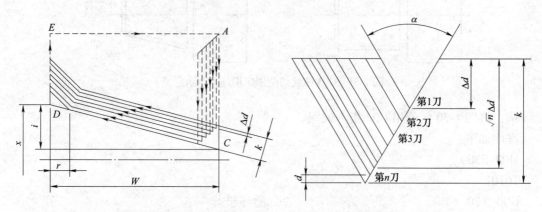

图 1-32　G76 螺纹切削复合循环指令示意图

例：编程加工如图 1-33 所示的螺纹部分，M16 粗牙螺纹，螺距 $P = 2mm$。
程序如下：

M03 S300
T0101
G00 X20 Z4   循环起点
G76 P021560 Q100 R100
G76 X13.4 Z-23 R0 P1300 Q350 F2
G00 X100 Z200   返回换刀点

参数说明：$m = 02$，表示精修两次，其中第 1 次为最后余量 0.1mm 的加工，第 2 次为余量为 0 的修光加工；退刀尾部值标注尺寸为 3mm，即 $15 \times 0.1P$，所以 $r = 15$，标准螺纹牙型角 $60°$，所以 $\alpha = 60°$。最小车削深度为 0.1mm，所以 $\Delta d_{min} = 100 \mu m$，最后一刀的精加工余量

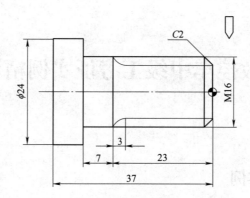

图 1-33 G76 螺纹切削复合循环指令实例

为 0.1mm，所以 $d = 100 \, \mu m$。螺纹高度 $k = 0.65P = 1300 \mu m$。M16 为螺距为 2mm 的外螺纹，在螺纹加工之前的外圆直径应为 15.8mm。第一刀应车到 15.1mm，由此可以计算得出 $\Delta d = 0.35mm = 350 \mu m$。

注：当用车刀进行螺纹加工时，一般默认线数为 1，则螺距 $P =$ 导程 L。

本章小结

本章主要介绍了数控车床的必备知识，包括数控车床的基本概念、加工特点和应用范围，数控车床的控制原理及其组成，数控车床的坐标系和参考点，数控车床的刀具，重点介绍了数控车床的基本指令。本章是后续章节的基础，只有掌握数控车床的基本指令及其应用方法，才能在处理实际问题时灵活运用。

第2章 数控车中级工考证实例精讲

2.1 经典轴类件实例

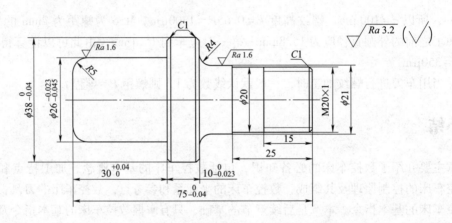

图 2-1 经典轴类件实例精讲

本例是数控车中级工常见考题，材料为 45 钢或 2A12 铝合金，备料尺寸为 ϕ40mm×80mm。
技术要求：
1) 未注公差按 IT13 确定。
2) 不准用砂布及锉刀等修饰表面。

2.1.1 零件的工艺分析

读图 2-1 可知，该零件结构简单，所有轮廓由直线、圆弧和外螺纹构成，带有倒角，加工部位无特殊要求，需根据不同的结构特征选择合适的刀具，控制切削参数分多次走刀来实现，螺纹加工运用螺纹切削指令完成。

1. 工件的装夹方式及工艺路线的确定

1) 选取工件右端面中心为工件坐标系（编程）原点。

2) 制定加工路线：

①用自定心卡盘夹持零件右端毛坯外圆，粗、精车零件左端 ϕ38mm 的外圆、ϕ26mm 的外圆、R5mm 的圆弧及 C1mm 倒角，如图 2-2 所示。

②调头找正，用自定心卡盘夹持零件左端 ϕ26mm 的外圆，粗、精车零件右端 ϕ21mm 的外圆、R4mm 的圆弧、螺纹大径及加工 M20×1 的外螺纹，如图 2-3 所示。

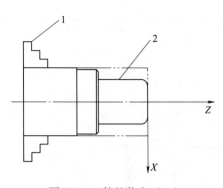

图 2-2　工件的装夹（一）

1—自定心卡盘　2—工件

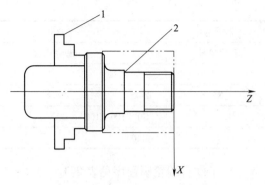

图 2-3　工件的装夹（二）

1—自定心卡盘　2—工件

2. 切削参数的设定

切削参数包括主轴转速、进给速度、背吃刀量等，受机床刚性、夹具、工件材料和刀具材料的影响，见表 2-1。

表 2-1　不同刀具主轴转速和进给速度

序号	工步内容	刀具	刀号	主轴转速 /(r/min)	进给速度 /(mm/min)
1	粗车外轮廓	90°外圆粗车刀	1	800	150
2	加工外螺纹	60°普通外螺纹刀	2	500	1mm/r
3	精车外轮廓	35°外圆精车刀	3	1000	100

2.1.2　零件的编程

1）工件左端轮廓程序见表 2-2。

表 2-2　左端轮廓程序

程序号	0001	华中 8 型系统
程序段号	程序内容	简要说明
	M03 S800	主轴正转，转速为 800r/min
	T0101	换 1 号外圆车刀
	G98	采用公制进给（mm/min）
	G0 X42 Z2	快速定位到起刀点
	G71 U1.5 R1 P1 Q2 X0.5 Z0.1 F150	G71 粗车外轮廓
	G0 X100 Z200	
	M05	
	M00	
	M03 S1000 T0101	
	G0 X42 Z2	
N1	G0 X0	精加工程序
	G01 Z0 F100	
	X16	
	G03 X26 Z-5 R5	
	G01 Z-30	
	X36	

（续）

程序号	0001		华中 8 型系统
程序段号	程序内容		简要说明
N2	X38 Z-31		精加工程序
	Z-45		
	G0 X100 Z100		快速退到安全位置
	M30		程序结束

2）工件右端轮廓程序见表 2-3。

表 2-3　右端轮廓程序

程序号	0002	华中 8 型系统
程序段号	程序内容	简要说明
	M03 S800	主轴正转，转速为 800r/min
	T0101	换 1 号外圆车刀
	G98	采用公制进给（mm/min）
	G0 X42 Z2	快速定位到起刀点
	G71 U1.5 R1 P1 Q2 X0.5 Z0.1 F150	G71 粗车外轮廓
	G0 X100 Z100	
	M05	
	M00	
	M03 S1000 T0101	
	G0 X42 Z2	
N1	G0 X0	
	G01 Z0 F150	
	X18	
	X19.8 Z-1	精加工程序
	Z-20	
	X21	
	Z-31	
	G02 X29 Z-35 R4	
	G01 X36	
N2	X38 Z-36	
	G0 X100 Z100	快速退到安全位置
	M30	程序结束

3）工件右端螺纹程序见表 2-4。

表 2-4　工件右端螺纹程序

程序号	0003	华中 8 型系统
程序段号	程序内容	简要说明
	M03 S500	主轴正转，转速为 500r/min
	T0202	调出 2 号螺纹刀

（续）

程序号	0003	华中 8 型系统
程序段号	程序内容	简要说明
	G0 X22 Z2	快速定位到起刀点
	G82 X19.3 Z-15 F1	G82 车削螺纹单一循环，第 1 刀
	X18.9	第 2 刀
	X18.7	第 3 刀
	G0 X100 Z100	快速退到安全位置
	M30	程序结束

注：本实例为单件加工，粗、精加工都用 1 号刀。批量加工时，建议粗、精加工的刀具分开来，精加工用 3 号刀。

实操表格如下：

1）操作技能考核总成绩表见表 2-5。

表 2-5 操作技能考核总成绩表

序号	项目名称	配分	得分	备注
1	现场操作规范	10		
2	工序制定及编程	40		
3	工件质量	50		
	合 计	100		

2）现场操作规范评分表见表 2-6。

表 2-6 现场操作规范评分表

序号	项目	考核内容	配分	考场表现	得分
1		工具的正确使用	2		
2	现场操作	量具的正确使用	2		
3	规范	刀具的合理使用	2		
4		设备正确操作和维护保养	4		
		合 计	10		

3）工序制定及编程评分表见表 2-7。

表 2-7 工序制定及编程评分表

序号	项目	考核内容	配分	实际情况	得分
1	工序制定	工序制定合理，选择刀具正确	10		
2	指令应用	指令应用合理、得当、正确	15		
3	程序格式	程序格式正确，符合工艺要求	15		
		合 计	40		

4）工件质量评分表见表 2-8。

表 2-8 工件质量评分表

序号	项目	考核内容		配分		检测结果	得分
				IT	Ra		
1	外圆	$\phi38_{-0.04}^{0}$		6			
2		$\phi26_{-0.045}^{-0.023}$	$Ra1.6$	6	2		
3		$\phi21$	$Ra1.6$	3	2		
4	螺纹	M20×1		4			
5	圆角	$R5$		2			
6		$R4$	$Ra1.6$	2	2		
7	长度	$30_{0}^{+0.04}$		6			
8		$10_{-0.023}^{0}$		6			
9		$75_{-0.04}^{0}$		6			
10	倒角	$3×C1$		3			
	合　计			44	6		

2.2 华中 8 型数控车床加工的基本操作

2.2.1 面板操作

1）华中 8 型数控车床外形如图 2-4 所示。车床控制面板如图 2-5 所示，车床操作面板如图 2-6 所示，手持单元如图 2-7 所示。

图 2-4 华中 8 型数控车床外形

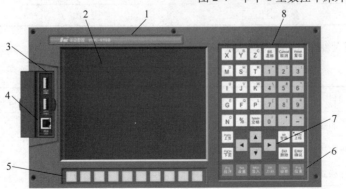

图 2-5 车床控制面板

1—厂家商标区　2—显示屏　3—USB 接口　4—以太网接口　5—软键

6—功能键区　7—光标控制区　8—字母及数字键盘区

图 2-6　车床操作面板

图 2-7　手持单元（手轮）

2）编辑键盘见表 2-9。

表 2-9　编辑键盘

按键	名称	功能说明
Reset 复位	复位键	CNC 复位，进给、输出停止等
（地址键盘 X^A Y^B Z^C M^D S^H T^R I^U J^V K^W G^E F^Q P^L N^O % Space 空格）	地址键	地址输入 双地址键，按 Shift 上档 键进行切换
（数字键盘 1" 2: 3; 4\ 5# 6& 7[8] 9* 0 . =）	数字键、符号键	按 Shift 上档 键在两者之间进行切换
Shift 上档	上档键	用于按键上地址、数字和符号之间的切换
BS 退格　Cancel 取消　Alt 替换　Del 删除	编辑键	编辑时程序、字段等的插入、修改、删除（为复合键，可在插入、修改、宏编辑之间切换）

（续）

按键	名称	功能说明
 Enter 确认	确认键	输入数据后，按  Enter确认 键进行确认 编辑程序时，按  Enter确认 键进行换行
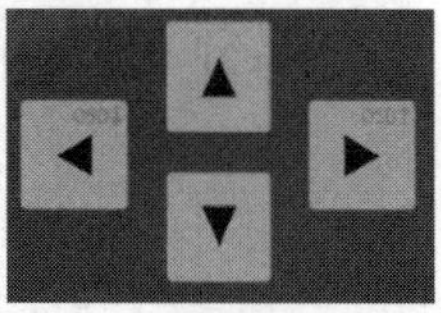 ▲ ◄ ► ▼	方向键	控制光标移动
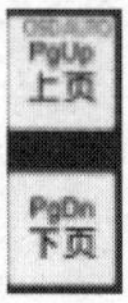 PgUp 上页 PgDn 下页	翻页键	同一显示界面下页面的切换
 Prg程序 Set设置 MDI录入 Oft刀补 Dgn诊断 Pos位置	显示菜单	按菜单进入对应的界面

3）机床面板见表2-10。

表2-10　机床面板

按键	名称	功能说明
 ●	进给保持按钮	程序运行暂停
 ●	循环启动按钮	程序运行启动
 进给修调(%)	进给修调旋钮	进给速度的调整

（续）

按键	名称	功能说明
	主轴修调旋钮	主轴速度调整（转速模拟量控制方式有效）
	手动换刀键、吹屑开关键、切削液开关键	手动换刀、吹屑开/关、切削液开/关
	主轴控制键	顺时针转、主轴停止、逆时针转、主轴定向、主轴点动
	快速开关	X轴进给键 Z轴进给键 Y轴进给键
	手脉/单步增量选择与快速倍率选择	手脉每格移动 1/10/100/1000 ＊ 最小当量 单步每步移动 1/10/100/1000 ＊ 最小当量 快速倍率 F0、25%、50%、100%
	选择停	选择停有效时，执行 M01 暂停
	单段开关	程序单段运行/连续运行状态切换 单段有效时单段运行指示灯亮
	程序段选跳开关	程序段首标有"/"号的程序段是否跳过状态切换。程序段选跳开关打开时，跳段指示灯亮

（续）

按键	名称	功能说明
机床锁住 Z轴锁住	机床锁住开关 Z 轴锁住开关	机床锁住时指示灯亮，进给轴输出无效
空运行	空运行开关	空运行有效时指示灯点亮，加工程序/MDI 代码段空运行
自动	自动方式选择键	进入自动操作方式
回参考点	机床回零 方式选择键	进入机床回零操作方式 有绝对编码器电池的，不需要回零
增量	增量方式选择键	进入手轮操作方式
手动	手动方式选择键	进入手动操作方式

4）常用的显示界面。

①程序界面：按 程序 键进入程序界面，如图 2-8 所示。

程序界面下方有子菜单，按子菜单对应的软键，进入对应的界面。

按 选择 键进入选择界面，通过光标对已编程序进行选择，选好后按 确认 键确认已选程序。

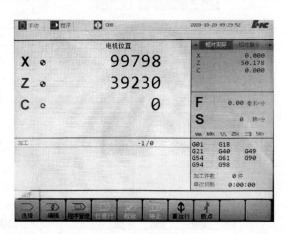

图 2-8　程序界面

按 编辑 键进入编辑界面，可以编辑已选程序，也可以新建程序。

按 程序管理 键进入程序管理界面，对已编程序进行管理。

按 任意行 键进入任意行界面，可以通过扫描、非扫描和轴顺序，找到某行。

按 校验 键进入校验界面，可以对已有程序进行仿真模拟。

按 停止 键进入停止界面，此时程序停止运行。

按 重运行 键进入重运行界面，可以从某行程序重运行。

按 ![断点] 键进入断点界面，可以找到刚停止运行时的点。

②设置界面：按 ![Set设置] 键进入设置界面，如图 2-9 所示。

设置界面下方有子菜单，按子菜单对应的软键，进入对应的界面。

按 ![当前位置] 键进入当前位置界面，可以把当前位置设置为工件零点。

按 ![偏置输入] 键进入偏置输入界面，输入偏置值可以偏置当前坐标。

按 ![查找] 键进入查找界面。

按 ![恢复] 键进入恢复界面。

按 ![RCS相对清零] 键进入相对清零界面，对相对坐标进行清零。

按 ![参数] 键进入参数界面。

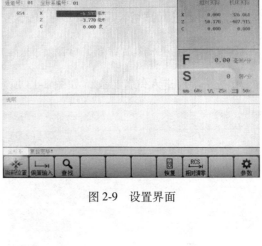

图 2-9　设置界面

③录入界面：按 ![MDI录入] 键进入录入界面，如图 2-10 所示。

输入指令后，依次按 ![ ] → ![ ] 循环启动，运行所输入的指令。

④刀补界面：按 ![CIn刀补] 键进入刀补界面，如图 2-11 所示。

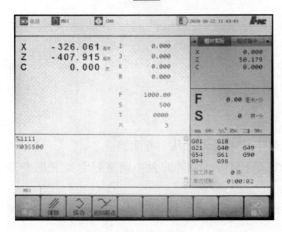

图 2-10　录入界面

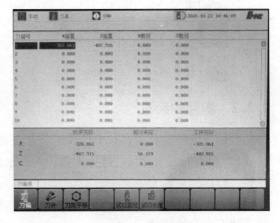

图 2-11　刀补界面

按 ![刀偏] 键进入刀偏界面，通过偏置值来对刀。

按 ![刀补] 键进入刀补界面，输入刀补。

按 ![刀架平移]键进入刀架平移界面，平移刀架。

按 ![试切直径]键进入试切直径界面，对刀试切外圆时，输入外圆直径的测量值。

按 ![试切长度]键进入试切长度界面，对刀试切端面时，输入试切长度0。

⑤按 ![Diag诊断]键进入诊断界面，诊断界面显示报警信息、机床信息等，如图 2-12 所示。

⑥按 ![位置]键进入位置界面，如图 2-13 所示。

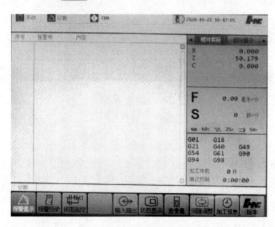

图 2-12　诊断界面

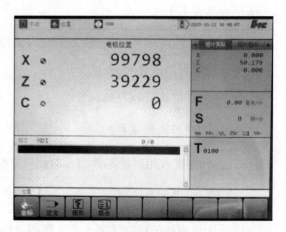

图 2-13　位置界面

按 ![坐标]键进入坐标界面。

按 ![正文]键进入程序内容界面。

按 ![图形]键进入图形模拟仿真界面。

按 ![联合]键进入综合坐标界面。

2.2.2　零件的装夹

数控车床的夹具主要有卡盘和尾座。安装时主要考虑以下几个方面：

1）根据加工工件尺寸选择卡盘，再根据其材料及切削余量的大小调整好卡盘夹爪夹持直径、行程和夹紧力。

2）如有需要，可在工件尾部钻中心孔，用顶尖顶紧。使用尾座时应注意其位置、套筒行程和夹紧力的调整。

3）工件要留有一定的夹持长度，其伸出长度要考虑零件的加工长度及必要的安全距离。

4）工件中心尽量与主轴中心线重合。

5）如所要夹持部分已经经过加工，必须在外圆上包一层铜皮，以防止外圆面损伤。

零件的装夹步骤如下：

1）车 15~20mm 长的外圆用来装夹，如图 2-14 所示。装夹右端，加工左端，如图 2-15 所示。

2）调头装夹，夹左端，加工右端，如图 2-16 所示。

图 2-14 车 15~20mm 长的外圆用来装夹

图 2-15 装夹右端，加工左端

2.2.3 对刀与换刀

对刀的目的是确定程序原点在机床坐标系中的位置。对刀点可以设定在零件、夹具或机床上，对刀时应使对刀点与刀位点重合。虽然每把刀具的刀尖不在同一点上，但通过刀补，可使刀具的刀位点都重合在某一理想位置上。编程人员只需按工件的轮廓编制加工程序即可，而不用考虑不同刀具长度和刀尖半径的影响。

1. 外圆刀对刀（1 号刀）

1）Z 轴对刀：手动方式，主轴正转，将 1 号刀轻碰工件的右端面，X 方向退出，Z 向向左进刀 0.2~0.5mm，车端面，如图 2-17 所示。端面加工完后 Z 轴不动，X 向沿正方向退出，停机。

图 2-16 调头装夹，夹左端，加工右端

图 2-17 试切端面

2）按 [刀补] 键进入刀补界面，光标移动到 1 号刀的 Z 偏置，输入 0，按下"试切长度"按钮，如图 2-18 所示，按 [确认] 键，机床就会自动计算偏置值，如图 2-19 所示。

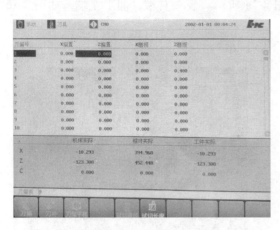

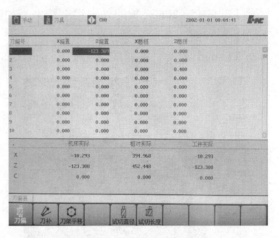

图 2-18　1号刀 Z 向对刀　　　　图 2-19　机床自动计算 Z 偏置

3）X 轴对刀：手动方式，主轴正转，试切外圆一刀，半径方向吃刀量大约为 0.2～0.5mm，长度大约为10mm，车好后 X 轴方向不动，沿 Z 轴正向退出、主轴停。如图 2-20 所示。用游标卡尺或者千分尺测量车削好以后的直径值，如图 2-21 所示。

图 2-20　试切外圆

图 2-21　沿 Z 轴退出，X 方向进行测量

4）光标移动到1号刀补，输入试切外圆直径的测量值，按"试切直径"键，如图 2-22 所示，按 键，机床就会自动计算偏置值，如图 2-23 所示。

5）验刀：按 键进入 MDI 界面，输入 T0101G0X0Z100，依次按 → → ，如图 2-24 所示，用钢直尺测量尺寸是否到位。

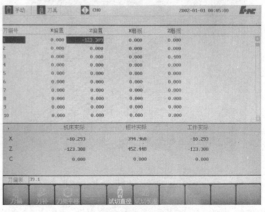

图 2-22　1号刀 X 向对刀

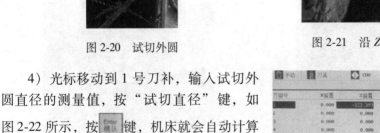

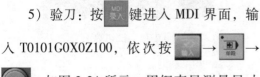

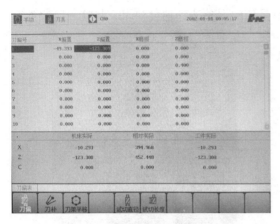

图 2-23　机床自动计算偏置值

图 2-24　1 号刀验刀

2. 螺纹刀对刀（2 号刀）

1）螺纹刀尖点对齐 1 号刀切过的右端面，肉眼观察或用直尺对齐，如图 2-25 所示。

2）按 [刀补] 键进入刀补界面。在 2 号刀补输入试切长度 0，如图 2-26 所示。

图 2-25　刀尖点对齐前端面

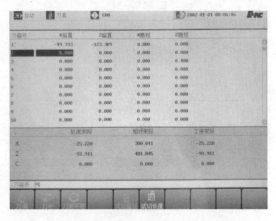

图 2-26　在 2 号刀补输入试切长度 0

按 [Enter 确认] 键，机床就会自动计算偏置值，如图 2-27 所示。

3）轻碰外圆，X 轴对刀，如图 2-28 所示。

在 2 号刀补输入试切外圆直径的测量值，如图 2-29 所示。

按"确认"键，机床自动计算偏置值，如图 2-30 所示。

3. 验刀

按 [MDI 录入] 键进入 MDI 界面，输入 T0202G0X0Z100，依次按 [ ] → [ ] → [ ] 键，用钢直尺测量尺寸是否到位，如图 2-31、图 2-32 所示。

对刀小结：受多种因素的影响，手动试切对刀法的对刀精度十分有限，将这一阶段的对刀称为粗略对刀。为得到更加准确的结果，加工前在零件加工余量范围内设计简单的自动试切程序，通过"自动试切→测量→误差补偿"的思路，反复修调基准刀的程序起点位置和非基准刀的刀偏置，使程序加工指令值与实际测量值的误差达到精度要求，将这一阶段的对刀称为精确对刀。

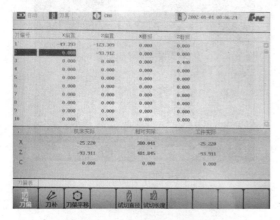

图 2-27　机床自动计算偏置值

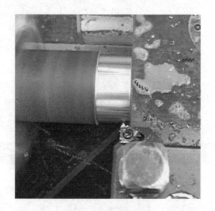

图 2-28　轻碰外圆对刀

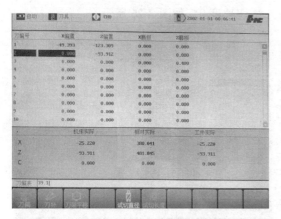

图 2-29　在 2 号刀补输入试切外圆直径的测量值

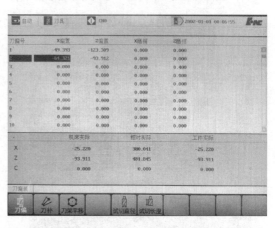

图 2-30　机床自动计算偏置值

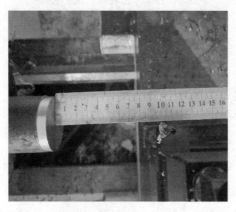

图 2-31　验刀

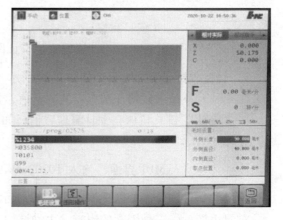

图 2-32　毛坯设置

2.2.4 机床模拟仿真

1. 毛坯的设置

依次按 [位置] → [图形] 进入图形界面，按"毛坯设置"键设置毛坯，如图2-32所示。

2. 选择程序

依次按 [程序] → [选择]（通过光标选择），按"确认"键，如图2-33所示。

3. 图形模拟仿真

图形模拟仿真如图2-34所示。

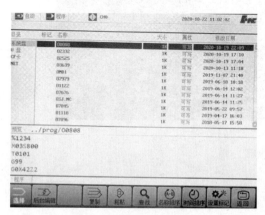

图2-33 选择程序

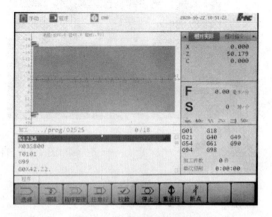

图2-34 图形模拟仿真

设置好毛坯，选好程序，依次按 [程序] → [自动] → [○] 进行图形模拟仿真，加工左端程序的图形模拟如图2-35所示。

加工右端程序的图形模拟如图2-36所示。

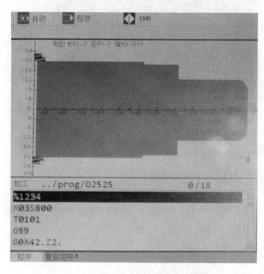

图2-35 加工左端程序的图形模拟

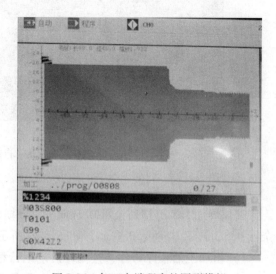

图2-36 加工右端程序的图形模拟

注：模拟出来的图形跟要加工工件的外轮廓一样，说明程序无误。

2.2.5 零件的加工

依次按 （通过光标选择加工左端的程序）→按"确认"→按 ⭕ 循环启动，机床开始自动加工左端，如图 2-37 所示。

图 2-37　自动加工左端

依次按 →按（通过光标选择加工右端的程序）→按"确认"→按 ⭕ 循环启动，机床开始自动加工右端，如图 2-38 所示。

图 2-38　自动加工右端

保证精度的方法：

刀偏界面，X 磨损留余量 0.5mm，Z 磨损留余量 0.2mm，如图 2-39 所示。程序中 X 轴余量 0.5mm，Z 轴余量 0.1mm，如图 2-40 所示。

1）粗加工后程序暂停，按循环启动运行程序，进行半精加工。

2）半精加工后，进行测量，看看余量是不是和刀具磨损里留的余量一致，如果不一致就多除少补，从 M00 程序段开始再运行一次精加工。

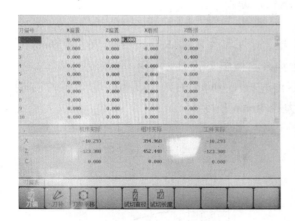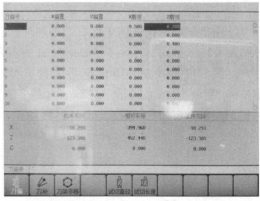

图 2-39 刀偏界面，X 磨损留余量 0.5mm，Z 磨损留余量 0.2mm

G71U1.5R1P1Q2X0.5Z0.1F0.15

图 2-40 程序中 X 轴余量 0.5mm，Z 轴余量 0.1mm

2.3 其他中级工考证经典实例要点快速掌握

2.3.1 多槽件实例精讲

本例是数控车中级工常见考题，材料为 45 钢或 2A12 铝合金，备料尺寸为 ϕ45mm ×82mm。

技术要求：

1）以小批量生产条件编程。

2）不准用砂布及锉刀等修饰表面。

3）未注倒角 C1mm。

1. 零件的工艺分析

如图 2-41 所示，该零件结构简单，所有轮廓由直线、圆弧和外螺纹构成，有两个直角槽，加工部位无特殊要求，需根据不同的结构特征选择合适的刀具，控制切削参数分多次走刀来实现，螺纹加工运用螺纹切削指令完成。

2. 零件的加工方案

（1）工件的装夹方式及工艺路线的确定

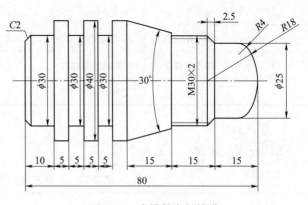

图 2-41 多槽件实例精讲

1）选取工件右端面中心为工件坐标系（编程）原点。

2）制定加工路线：

①用自定心卡盘夹持零件右端毛坯外圆，粗、精车零件左端 ϕ30mm 的外圆、ϕ40mm 的外圆及 C2mm 倒角，车两个 5mm×5mm 的直角沟槽，如图 2-42 所示。

②调头打表找正，用自定心卡盘夹持零件左端 ϕ40mm 的外圆，粗、精车零件右端 R18mm 圆弧、R4mm 圆弧、ϕ25mm 的外圆、大径 40mm 长度 15mm 的 30°圆锥、螺纹大径及加工 M30×2—6h 的外螺纹，如图 2-43 所示。

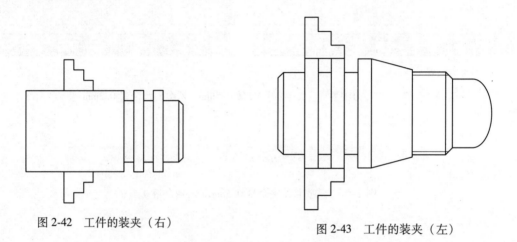

图 2-42　工件的装夹（右）　　　　　　　图 2-43　工件的装夹（左）

（2）切削参数的设定　切削参数包括主轴转速、进给速度、背吃刀量等。受机床刚性、夹具、工件材料和刀具材料的影响，不同版本的教材给出的参数差异很大，见表 2-11。

表 2-11　不同刀具主轴转速和进给速度

序号	工步内容	刀具	刀号	主轴转速/（r/min）	进给速度/（mm/min）
1	粗车外轮廓	90°外圆粗车刀	1	800	150
2	精车外轮廓	35°外圆精车刀	3	1000	100
3	加工外螺纹	60°普通外螺纹刀	2	500	2mm/r
4	切槽刀	刀宽 4mm 的切槽刀	4	500	50

3. 零件的编程

工件左端轮廓程序，见表 2-12。

表 2-12　工件左端轮廓程序

程序号	0001	华中 8 型系统
程序段号	程序内容	简要说明
	M03　S800	主轴正转，转速为 800r/min
	T0101	换 1 号外圆车刀

（续）

程序号	0001	华中 8 型系统
程序段号	程序内容	简要说明
	G98	采用公制进给（mm/min）
	G0 X47 Z2	快速定位到起刀点
	G71 U1.5 R1 P1 Q2 X0.5 Z0.1 F150	G71 粗车外轮廓
	G0 X100 Z100	
	M05	
	M00	
	M03 S1000 T0101	
	G0 X47 Z2	
N1	G0 X26	精车外轮廓程序
	G01 Z0 F80	
	X30 Z-2	
	Z-10	
	X40	
	Z-40	
N2	X45	
	G0 X100 Z100	快速退到安全位置
	M30	程序结束

工件左端切槽程序，见表 2-13。

表 2-13 工件左端切槽程序

程序号	0002	华中 8 型系统
程序段号	程序内容	简要说明
	M03 S500	主轴正转，转速为 500r/min
	T0202	换 2 号切槽刀
	G98	采用公制进给（mm/min）
	G0 X42 Z-20	定位到切槽的起刀点
	G01 X30 F50	切槽
	G04 X2	
	G0 X42	退刀
	Z-30	定位到切槽的起刀点
	G01 X30 F50	切槽
	G04 X2	
	G0 X100	退到安全位置
	Z100	
	M30	程序结束

工件右端轮廓程序，见表 2-14。

表 2-14　工件右端轮廓程序

程序号	0003	华中 8 型系统
程序段号	程序内容	简要说明
	M03 S800	主轴正转，转速为 800r/min
	T0101	换 1 号外圆车刀
	G98	采用公制进给（mm/min）
	G0 X47 Z2	快速定位到起刀点
	G71 U1.5 R1 P1 Q2 X0.5 Z0.1 F150	G71 粗车外轮廓
	G0 X100 Z100	
	M05	
	M00	
	M03 S1000 T0101	
	G0 X47 Z2	
N1	G0 X0	
	G01 Z0 F80	
	G03 X21.86 Z-4.03 R18	精加工轮廓程序
	X25 Z-6.88 R4	
	G01 Z-15	
	X29.8 Z-17.5	
	Z-30	
	X40 Z-45	
N2	X42	
	G0 X100 Z100	快速退到安全位置
	M30	程序结束

工件右端螺纹程序，见表 2-15。

表 2-15　工件右端螺纹程序

程序号	0004	华中 8 型系统
程序段号	程序内容	简要说明
	M03 S500 T0202	主轴正转，转速为 500r/min，调出 2 号螺纹刀
	G0 X32 Z-13	快速定位到起刀点
	G82 X29 Z-28 F2	
	X28.2	螺纹加工
	X27.4	
	G0 X100 Z100	快速退到安全位置
	M30	程序结束

2.3.2　内、外圆加工件实例精讲

本例是数控车中级工常见考题，材料为 45 钢或 2A12 铝合金，备料尺寸为 $\phi50mm \times 100mm$。

技术要求：

1）以小批量生产条件编程。

2）不准用砂布及锉刀等修饰表面。

3）未注倒角 $C1$mm。

1. 零件的工艺分析

如图 2-44 所示，该零件结构简单，所有轮廓由直线、圆弧和外螺纹构成，带有倒角和退刀槽，加工部位无特殊要求，但由于非单调轮廓，需根据不同的结构特征选择合适的刀具，控制切削参数分多次走刀来实现，螺纹加工运用螺纹切削指令完成。

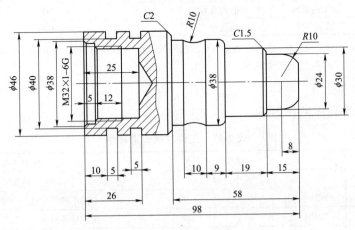

图 2-44　内、外圆加工件实例精讲

2. 零件的加工方案

（1）工件的装夹方式及工艺路线的确定

1）选取工件右端面中心为工件坐标系（编程）原点。

2）制定加工路线：

①用自定心卡盘夹持零件右端毛坯外圆，粗、精车零件左端 $\phi46$mm 的外圆、两个 5mm× 3mm 的直角槽、$\phi38$mm 的内圆、内螺纹大径、M32×1 的内螺纹及倒角，如图 2-45 所示。

②调头装夹，打表找正，用自定心卡盘夹持零件左端 $\phi46$mm 的外圆，粗、精车零件右端 $R10$mm 的圆弧及外径，如图 2-46 所示。

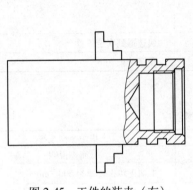

图 2-45　工件的装夹（左）

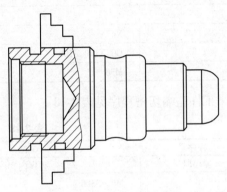

图 2-46　工件的装夹（右）

（2）切削参数的设定　切削参数包括主轴转速、进给速度、背吃刀量等。受机床刚性、夹具、工件材料和刀具材料的影响，不同版本的教材给出的参数差异很大，见表2-16。

表2-16　不同刀具主轴转速和进给速度表

序号	工步内容	刀具	刀号	主轴转速 /（r/min）	进给速度 /（mm/min）
1	粗车外轮廓	90°外圆粗车刀	1	800	150
2	精车外轮廓	35°外圆精车刀	3	1000	100
3	加工外螺纹	60°普通外螺纹刀	2	500	2mm/r
4	切槽刀	刀宽4mm的切槽刀	4	500	50
5	加工内螺纹	60°普通内螺纹刀	2′	500	1mm/r
6	加工内孔	35°内孔车刀	1′	600	100

注：因该机床是四工位刀架，所以加工完外轮廓后，把外圆刀和外螺纹刀拆掉，换成内孔刀和内螺纹刀，对好内孔刀和内螺纹刀，再对内孔进行加工。

3. 零件的编程

工件左端轮廓程序见表2-17。

表2-17　工件左端轮廓程序

程序号	0001	华中8型系统
程序段号	程序内容	简要说明
	M03 S800	主轴正转，转速为800r/min
	T0101	换1号外圆车刀
	G98	采用公制进给（mm/min）
	G0 X52 Z2	快速定位到起刀点
	G71 U1.5 R1 P1 Q2 X0.5 Z0.1 F150	G71粗车外轮廓
	G0 X100 Z100	
	M05	
	M00	
	M03 S1000 T0101	
	G0 X52 Z2	精加工外轮廓程序
N1	G0 X44	
	G01 Z0 F80	
	X46 Z-1	
	Z-45	
N2	X47	
	G0 X100 Z100	快速退到安全位置
	M30	程序结束

工件左端切槽程序见表2-18。

表2-18　工件左端切槽程序

程序号	0002	华中8型系统
程序段号	程序内容	简要说明
	M03 S500	主轴正转，转速为500r/min
	T0202	换2号切槽刀

（续）

程序号	0002	华中 8 型系统
程序段号	程序内容	简要说明
	G98	采用公制进给（mm/min）
	G0 X48 Z-15	定位到切槽的起刀点
	G01 X40 F50	切槽
	G04 X2	
	G0 X48	退刀
	Z-26	定位到切槽的起刀点
	G01 X40 F50	切槽
	G04 X2	
	G0 X100	退到安全位置
	Z100	
	M30	程序结束

工件左端内轮廓程序见表 2-19。

表 2-19　工件左端内轮廓程序

程序号	0003	华中 8 型系统
程序段号	程序内容	简要说明
	M03 S600	主轴正转，转速为 600r/min
	T0101	换 1 号外圆车刀
	G98	采用公制进给（mm/min）
	G0 X42 Z2	快速定位到起刀点
	G71 U1.5 R1 P1 Q2 X-0.5 Z0.1 F100	G71 粗车内轮廓
	G0 X100 Z100	
	M05	
	M00	
	M03 S1000 T0101	
	G0 X42 Z2	
N1	G0 X38	精加工内轮廓程序
	G01 Z0 F100	
	X36 Z-1	
	Z-5	
	X31	
	X29 Z-6	
	Z-18	
N2	X28.5	
	G0 X100 Z100	快速退到安全位置
	M30	程序结束

工件左端内螺纹程序见表 2-20。

表 2-20 工件左端内螺纹程序

程序号	0004	华中 8 型系统
程序段号	程序内容	简要说明
	M03 S500	主轴正转，转速为 500r/min
	T0202	换 2 号内螺纹车刀
	G0 X28 Z-3	加工螺纹的起刀点
	G82 X29.6 Z-28 F2	加工螺纹
	X30	
	X30.1	
	G0 X100 Z100	快速退到安全位置
	M30	程序结束

工件右端外轮廓程序见表 2-21。

表 2-21 工件右端外轮廓程序

程序号	0001	华中 8 型系统
程序段号	程序内容	简要说明
	M03 S800	主轴正转，转速为 800r/min
	T0101	换 1 号外圆车刀
	G98	采用公制进给（mm/min）
	G0 X52 Z2	快速定位到起刀点
	G71 U1.5 R1 P1 Q2 E0.3 F150	G71 粗车外轮廓
	G0 X100 Z100	
	M05	
	M00	
	M03 S1000 T0101	
	G0 X52 Z2	
N1	G0 X16	
	G01 Z0 F100	
	G03 X20 Z-8 R10	
	G01 Z-15	
	X27	精车外轮廓程序
	X30 Z-16.5	
	Z-34	
	X32	
	G03 X38 Z-37 R3	
	G01 Z-43	
	G02 X37 Z-47 R10	
	G01 Z-58	
	X42	
N2	X46 Z-60	
	G0 X100 Z100	快速退到安全位置
	M30	程序结束

本章小结

　　本章是依据国家职业标准中级数控车工的要求，按照岗位培训需要的原则编写的，主要内容包括：数控车削加工工艺、华中 8 型系统的数控车床的编程与操作、数控车床零件加工。通过实例详细地介绍了数控车削加工工艺、程序编制及具体操作。

3.1 台阶孔及多槽件实例

零件图如图 3-1 所示。

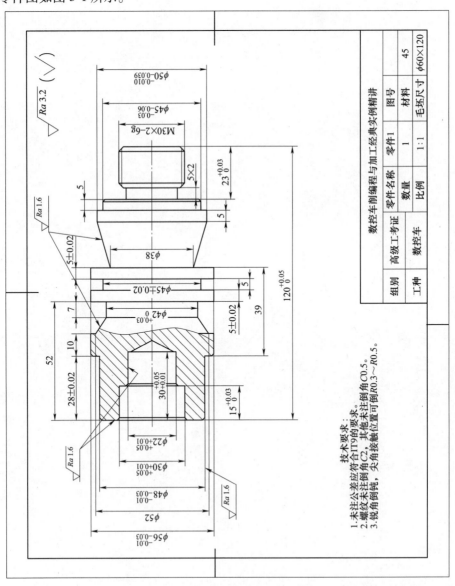

技术要求:
1. 未注公差应符合 IT9 的要求。
2. 螺纹未注倒角 C2,其他未注倒角 C0.5。
3. 锐角倒钝,尖角接触位置可倒角 R0.3~R0.5。

数控车削编程与加工经典实例精讲			
零件名称	零件1	图号	45
数量	1	材料	
比例	1:1	毛坯尺寸	φ60×120
高级工考证			
组别			
工种	数控车		

图 3-1 台阶孔及多槽件零件

3.1.1 零件的工艺分析和参数设定

1. 零件结构分析

1) 零件外轮廓主要由以下部分组成：$\phi48_{-0.03}^{-0.01}$ mm、$\phi50_{-0.039}^{-0.010}$ mm、$\phi56_{-0.03}^{-0.01}$ mm 圆柱面；$\phi42_{0}^{+0.03}$ mm、$\phi45\pm0.02$ mm 凹槽；M30×2-6g 螺纹；大径 $\phi50$ mm、小径 $\phi38$ mm 的圆锥面。

2) 内轮廓由 $\phi22_{+0.01}^{+0.05}$ mm、$\phi30_{+0.01}^{+0.05}$ mm 台阶内孔组成。

2. 技术要求分析

1) 尺寸精度和形状精度为 IT7~IT9 级要求。

2) 表面粗糙度：零件内外表面的表面粗糙度全部要求为 $Ra1.6\,\mu m$，未标注表面粗糙度要求为 $Ra3.2\,\mu m$。

3. 加工工艺分析（工艺参数设定）

1) 确定零件的装夹方式：工件加工时采用自定心卡盘装夹。

2) 毛坯尺寸为 $\phi60$ mm×120mm，零件需要调头完成加工。

3) 工艺步骤：

a) 下料 $\phi60$ mm×120mm。

b) 零件左端加工，夹持毛坯伸出长度 75mm→车端面→钻中心孔→钻孔 $\phi18$ mm，如图 3-2 所示。

c) 粗、精车零件左端内轮廓 $\phi22_{+0.01}^{+0.05}$ mm、$\phi30_{+0.01}^{+0.05}$ mm 台阶孔，如图 3-3 所示。

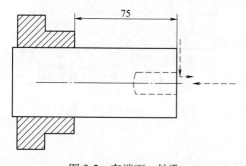

图 3-2 车端面、钻孔

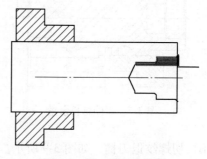

图 3-3 粗、精车内轮廓

d) 粗、精车零件外圆 $\phi48_{-0.03}^{-0.01}$ mm、$\phi56$ mm，如图 3-4 所示。

e) 粗、精切 $\phi42_{0}^{+0.03}$ mm、$\phi45\pm0.02$ mm 沟槽，如图 3-5 所示。

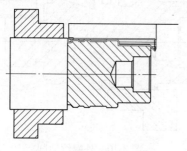

图 3-4 粗、精车外轮廓

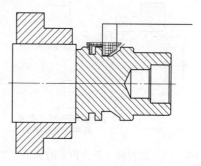

图 3-5 切沟槽

f) 零件右端加工，零件调头，夹持两处 φ56mm 已加工表面，伸出长度 60mm；零件找正，如图 3-6 所示。

图 3-6 百分表校正零件同轴度、平行度

g) 粗、精车零件右端外圆表面零件总长。

控制总长，可用切端面方式（见图 3-7）或者直接将端面需要加工的余量计算到外轮廓加工中，外轮廓加工程序将余量切掉，如图 3-8 所示。

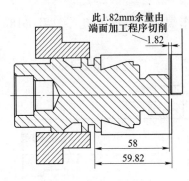

图 3-7 零件总长余量

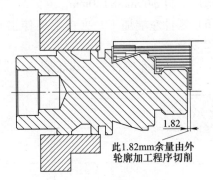

图 3-8 余量与外轮廓一起加工

h) 切螺纹退刀槽，如图 3-9 所示。

i) 车 M30×2-6g 外螺纹，完成零件加工，如图 3-10 所示。

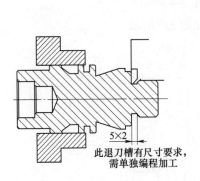

图 3-9 螺纹退刀槽（避空位置的加工与处理）

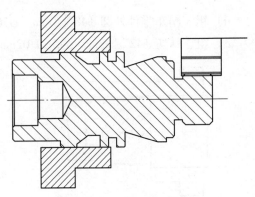

图 3-10 外螺纹切削

4. 零件加工工艺表

零件加工工艺表见表 3-1。

表 3-1　工艺表

工序号	程序编号	夹具名称	使用设备	数控系统	车间	
		自定心卡盘	卧式数控车床	GSK980TDc	数控车削车间	
工步号	工步内容	刀具号	刀具规格尺寸/mm	转速 $n/(r/min)$	进给量 $f/(mm/r)$	背吃刀量 a_p/mm	备注
1	车端面	T01	20×20	900	0.2	1	手动
2	钻孔	麻花钻	$\phi18$	500			手动
3	粗车内孔，留 0.2mm 余量	T04	$\phi16$	900	0.2	1	
4	精车内孔至尺寸	T04	$\phi16$	1200	0.14	0.2	
5	粗车零件外圆，留 0.2mm 余量	T01	20×20	900	0.2	1	
6	精车外轮廓至尺寸	T01	20×20	1400	0.14	0.2	
7	粗切凹槽 $\phi42mm$、$\phi45mm$，留 0.2mm 余量	T02	20×20	800	0.15	2.8	
8	精车凹槽至要求	T02	20×20	800	0.06	0.1	
9	零件调头找正						手动
10	控制总长	T01	20×20	1200	0.2	1	手动
11	粗车外圆，留 0.2mm 余量	T01	20×20	900	0.2	1	
12	精车外轮廓至尺寸	T01	20×20	1400	0.14	0.2	
13	切退刀槽 5mm×2mm	T02	20×20	800	0.06	2.8	
14	车螺纹 M30×2-6g	T03	20×20	800		0.1	
编制		审核		批准		共　页	

5. 工具、量具、刀具选择

1）零件加工工具清单见表 3-2。

表 3-2　工具清单

工具清单					图号		
种类	序号	名称	规格	精度		单位	数量
工具	1	自定心卡盘				副	1
	2	卡盘扳手				把	1
	3	刀架扳手				把	1
	4	磁性表座				个	1
	5	垫片				片	若干
	6	活动顶尖				个	1
	7	钻夹头				套	1
	8	铜棒				根	1

2）零件加工量具清单见表 3-3。

表 3-3　量具清单

量具清单					图号		
种类	序号	名称	规格	精度		单位	数量
量具	1	外径千分尺	25~50mm	0.01mm		把	1
	2	外径千分尺	50~75mm	0.01mm		把	1
	3	内径千分尺	5~30mm	0.01mm		把	1
	4	内径千分尺	25~50mm	0.01mm		把	1
	5	游标卡尺	0~150mm	0.02mm		把	1
	6	深度千分尺	0~150mm	0.01mm		把	1
	7	粗糙度样板				套	1

3）零件加工刀具清单见表 3-4。

表 3-4　刀具清单

刀具清单					图号		
种类	序号	刀具号	刀具名称	数量	加工表面	刀尖半径/mm	刀尖方位
刀具	1	T01	35°外圆尖刀	1	外圆、端面	0.4	2
	2	T02	3mm 切槽刀	1	内孔	0.4	2
	3	T03	60°外螺纹车刀		螺纹	0	3
	4	T04	φ16mm 内孔车刀	1	内孔	0.2	2
	5		B2.5 中心钻	1	中心孔		
	6		φ18mm 平底麻花钻	1	钻孔		

3.1.2 零件的编程

1. 零件参考程序

1）零件左端内轮廓加工程序见表3-5。

表3-5 零件左端内轮廓加工程序

程序号	O0001	广州数控 GSK980TDc 系统
程序段号	程序内容	简要说明
	M03 S900	主轴正转，转速为900r/min
	G99	采用公制进给（mm/r）
	T0404	选用刀具
	G00 X100 Z100	定位至安全位置
	G00 X16 Z2	起刀点
	G71 U1 R0.5	G71内（外）径粗车复合循环
	G71 P1 Q2 U-0.2 W0.1 F0.2	
N1	G01 X31	
	G01 Z0	
	G01 X32 Z-0.5	
	G01 Z-15	内轮廓精加工编程
	G01 X23	
	G01 X22 Z-15.5	
N2	G01 X22 Z-30	
	G00 Z200 M05	停主轴
	M00	暂停
	M03 S1200	主轴正转，转速为1200r/min
	T0404	执行刀补
	G00 X16 Z2	快速定位到起刀点
	G70 P1 Q2 F0.14	G70精车轮廓
	G00 Z200 M05	快速退到安全位置
	M30	程序结束

2）零件左端外轮廓加工程序见表3-6。

表3-6 零件左端外轮廓加工程序

程序号	O0002	广州数控 GSK980TDc 系统
程序段号	程序内容	简要说明
	M03 S900	主轴正转，转速为900r/min
	G99	采用公制进给（mm/r）
	T0101	选用刀具

（续）

程序号	O0002	广州数控 GSK980TDc 系统
程序段号	程序内容	简要说明
	G00 X100 Z100	定位至安全位置
	G00 X62 Z2	起刀点
	G71 U1 R0.5	G71 内（外）径粗车复合循环
	G71 P1 Q2 U0.2 W0.1 F0.2	
N1	G01 X30	外轮廓精加工轮廓编程
	G01 Z0	
	G01 X47	
	G01 X48 Z-0.5	
	Z-28	
	X55 Z-28	
	X56 Z-28.5	
	Z-66.5	
	X54 Z-67.5	
	Z-70	
N2	X62	
	G00 Z00 M05	停主轴
	X100	
	M00	暂停
	M03 S1400	主轴正转，转速为 1400r/min
	T0101	执行刀补
	G00 X62 Z2	快速定位到起刀点
	G70 P1 Q2 F0.14	G70 精车轮廓
	G00 X100 M05	快速退到安全位置，先退刀 X 方向确保不发生干涉
	Z100	
	M30	程序结束

3）零件左端槽加工程序见表 3-7。

表 3-7 零件左端槽加工程序

程序号	O0003	广州数控 GSK980TDc 系统
程序段号	程序内容	简要说明
	M03 S800	主轴正转，转速为 800r/min
	G99	采用公制进给（mm/r）
	T0202	3mm 切槽刀
	G00 X100 Z100	定位到安全位置
	G00 X62 Z-40.5	起刀点

（续）

程序号	O0003	广州数控 GSK980TDc 系统
程序段号	程序内容	简要说明
	G72 W2.8 R0.5	G72 端面粗车复合循环
	G72 P1 Q2 U0.2 W0.1 F0.15	
N1	G01 Z-40.5	外轮廓精加工轮廓编程
	G01 X55 Z-41	
	G01 X54	
	G01 X42 Z-48	
	Z-52	
	X55	
	X57 Z-53	
	X57 Z-59	
	X55 Z-60	
	X52	
	Z-62	
	X55	
N2	X57 Z-62.5	
	G00 X100 M05	停主轴
	Z100	
	M00	暂停
	M03 S800	主轴正转，转速为 800r/min
	T0202	执行刀补
	G00 X62 Z-40.5	快速定位到起刀点
	G70 P1 Q2 F0.06	G70 精车轮廓
	G00 X100 M05	快速退到安全位置，先退刀 X 方向确保不发生干涉
	Z100	
	M30	程序结束

4）零件右端外轮廓加工程序见表 3-8。

表 3-8 零件右端外轮廓加工程序

程序号	O0004	广州数控 GSK980TDc 系统
程序段号	程序内容	简要说明
	M03 S900	主轴正转，转速为 900r/min
	G99	采用公制进给（mm/r）
	T0101	选用 35° 外圆车刀
	G00 X100 Z100	定位至安全位置
	G00 X62 Z2	起刀点

（续）

程序号	O0004	广州数控 GSK980TDc 系统
程序段号	程序内容	简要说明
	G71 U1 R0.5	G71 内（外）径粗车复合循环
	G71 P1 Q2 U0.2 W0.1 F0.2	
N1	G01 X0	
	G01 Z0	
	G01 X26	
	G01 X29.8 Z1.8（螺纹部位车小 0.2mm）	
	Z-23	
	X44	外轮廓精加工轮廓编程
	X45 Z-23.5	
	Z-28	
	X49	
	X50 Z-28.5	
N2	Z-53	
	G00 X100 M05	停主轴
	Z100	
	M00	暂停
	M03 S1400	主轴正转，转速为 1400r/min
	T0101	执行刀补
	G00 X62 Z2	快速定位到起刀点
	G70 P1 Q2 F0.14	G70 精车轮廓
	G00 X100 M05	快速退到安全位置，先退刀 X 方向确保不发生干涉
	Z100	
	M30	程序结束

5）零件右端螺纹退刀槽加工程序见表 3-9。

表 3-9 零件右端螺纹退刀槽加工程序

程序号	O0005	广州数控 GSK980TDc 系统
程序段号	程序内容	简要说明
	M03 S800	主轴正转，转速为 800r/min
	G99	采用公制进给（mm/r）
	T0202	3mm 切槽刀
	G00 X100 Z100	定位至安全位置
	G00 Z-23	快速定位至起刀点，X 方向用 G01 接近确保安全
	G01 X31 F2	
	G01 X26 F0.06	切削至槽底

（续）

程序号	00005	广州数控 GSK980TDc 系统
程序段号	程序内容	简要说明
	G01 X31 F2	退刀至起刀点
	Z-21（W2）	平移刀具
	G01 X26 F0.06	切削至槽底
	G00 X100	快速退刀至安全位置，先退 X 轴，再退 Z
	Z100 M05	轴避免撞刀
	M30	程序结束

6）零件右端螺纹加工程序见表 3-10。

表 3-10 零件右端螺纹加工程序

程序号	00006	广州数控 GSK980TDc 系统
程序段号	程序内容	简要说明
	M03 S900	主轴正转，转速为 900r/min
	G98	采用公制进给（mm/min）
	T0303	螺纹刀
	G00 X100 Z100	定位至安全位置
	G00 X31 Z2 F2	起刀点
	G92 X29 Z-19 F2	螺纹切削循环
	X28.2	
	X27.6	螺纹分层切削
	X27.4	
	G92 X27.4 Z-19 F2	精修螺纹
	G00 X100	快速退刀至安全位置
	Z100 M05	
	M30	程序结束

2. 编程技巧与注意事项

1）确保换刀位置，进行换刀时不会与零件、机床尾座、顶尖等发生干涉。

2）遵循"先内后外"的加工原则。内轮廓编程时注意 G71 复合切削循环中精加工余量应为负值。同时推刀量不宜过大，避免推刀量过大而导致刀具碰到零件内孔圆柱面，发生干涉和撞刀。

3）分工序编程。零件加工程序全部编写在一个程序中，程序行数较多，不易查找、编辑；单件加工的零件需要调整刀具补偿参数，多次运行精加工程序以确保零件尺寸精度，如不分工序编程则需在程序中找到精加工该位置的程序段运行，极易混淆和出错。因此将加工零件各个特征的程序分别编制和输入，便于修改程序和控制零件加工精度。

4）因切槽刀有宽度，在槽加工编程时需要计算刀宽，容易出错。槽侧面与外轮廓面位置的倒角或者倒钝可在轮廓加工处理，可以减小槽加工程序编制的难度和减小程序出错的概率，同时可以避免使用切槽刀倒角或者倒钝在外轮廓已加工表面产生毛刺，如图 3-11 所示。

5）在部分图样上无装配要求或图样无特殊注明深度以及深度与螺纹底径一致的退刀槽，可以看成倒角直接在外轮廓加工程序中完成。有尺寸要求和功能要求的则需单独切削，也可在外轮廓加工程序中去除大部分余量，如图 3-12 所示。

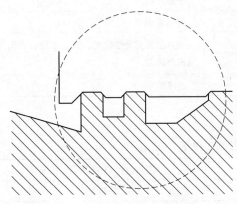

图 3-11　巧妙处理倒钝与倒角

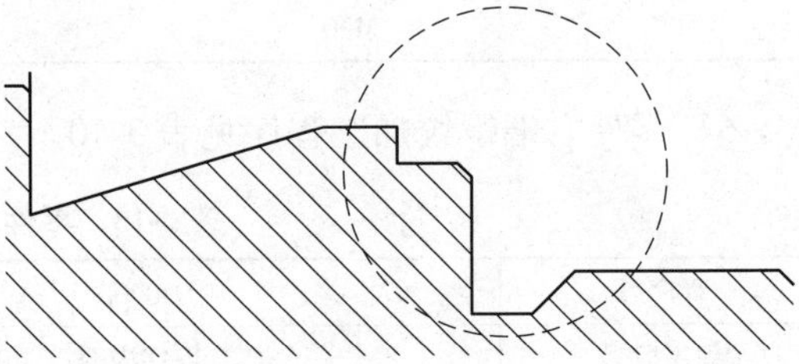

图 3-12　螺纹退刀槽的处理

6）螺纹编程时应该加入退刀距离和引入距离，避免因伺服驱动加减速而引起的螺距误差，确保螺纹质量和配合中的旋合长度。

7）简化程序，可以省略程序段号，循环起点设为 N1，终点设为 N2 即可。在未出现同组的模态指令前，可以省略。如：

G01 X22.8		G01 X22.8
G01 Z0		Z0
G01 X26.8 Z-2	可省略为	X26.8 Z-2
G01 X26.8 Z-25		Z-25

8）所有的程序均可编写在一个程序内，分开写只是为了让读者更好地了解程序的编写和便于控制精度。

3.2　广州数控 GSK980TDc 数控车床加工的基本操作

1. 广州数控 GSK980TDc 数控系统

GSK980TDc 是 GSK980TDb 的升级系统，该系统支持梯形图在线监控，新增在线调机向导、示教、辅助编程、多边形车削等功能。G71 粗车循环中融入了径向（X 方向）最多不超过 10 个凹槽切削功能。搭载 GSK980TDc 数控系统的机床如图 3-13 所示。

2. 广州数控 GSK980TDc 数控系统面板及功能

1）GSK980TDc 数控系统面板如图 3-14 所示。

图 3-13　搭载 GSK980TDc 数控系统的机床

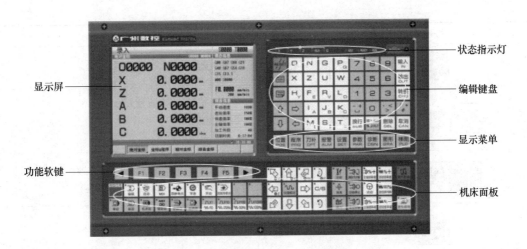

图 3-14 GSK980TDc 数控系统面板

2）状态指示灯含义见表 3-11。

表 3-11 状态指示灯含义

状态指示灯	含义
◆X ◆Y ◆Z ◆4th ◆C	各轴回零结束指示灯
ALM READY RUN	三色灯（ALM 报警、READY 准备、RUN 运行）

3）编辑键盘功能见表 3-12。

表 3-12 编辑键盘功能

按键	名称	功能说明
RESET	复位键	CNC 复位、进给、输出停止等
O N G / X Z U W / M S T	地址键	地址输入 双地址键，反复按键可在两者间切换
- + / * #	符号键	三地址键，反复按键可在三者间切换
7 8 9 / 4 5 6 / 1 2 3 / 0	数字键	数字输入

（续）

按键	名称	功能说明
	小数点	小数点输入
输入 输出 转换 IN OUT CHG	输入键 输出键 转换键	参数、补偿量等数据输入的确定 启动通信输出 信息、显示的切换
插入INS 删除 取消 修改ALT DEL CAN	编辑键	编辑时程序、字段等的插入、修改、删除（为复合键，可在插入、修改、宏编辑间切换）
换行 EOB	EOB 键	程序段结束符的输入
⇧ ⇩ ⇦ ⇨	方向键	控制光标移动
	翻页键	同一显示界面下页面的切换
◀ F1 F2 F3 F4 F5 ▶	功能软键	在当前页面集内进行子页面的切换；作为当前显示的子页面的操作输入

4）显示菜单功能见表 3-13。

表 3-13　显示菜单功能

菜单键	功能说明
位置 POS	进入位置页面集。位置页面集有绝对坐标、坐标 & 程序、相对坐标、综合坐标四个子页面
程序 PRG	进入程序页面集。程序页面集有程序内容、MDI 程序、本地目录、U 盘目录四个子页面
刀补 OFT	进入刀补页面集。刀补页面集有刀偏设置、宏变量、工件坐标系、刀具寿命四个子页面
报警 ALM	进入报警页面集。报警页面集有报警信息、报警日志两个子页面
设置 SET	进入设置页面集。设置页面集有 CNC 设置、系统时间、文件管理三个子页面
参数 PAR	进入参数页面集。参数页面集有状态参数、数据参数、常用参数、螺距补偿四个子页面

（续）

菜单键	功能说明
诊断 DGN	进入诊断页面集。诊断页面集有系统诊断、系统信息两个子页面
图形 GRA	进入图形页面。可显示 X、Z 轴的运动轨迹（程序仿真）

5）机床面板按键功能见表3-14。

表3-14　机床面板按键功能

按键	名称	功能说明
进给保持	进给保持键	程序运行暂停
循环启动	循环启动键	程序运行启动
%+ 100% %−	进给倍率键	进给速度的调整
X1 X10 X100 X1000 F0 25% 50% 100%	快速倍率键	快速移动速度的调整
%+ %−	主轴倍率键	主轴速度调整（转速模拟量控制方式有效）
换刀 点动 冷却	手动换刀键、点动开关键、切削液开关键	手动换刀、主轴点动状态开/关、切削液开/关反复按键，在开关两者间切换
顺时针转 主轴停止 逆时针转	主轴控制键	顺时针转、主轴停止、逆时针转
快速移动	快速开关	快速速度/进给速度切换

3. 广州数控 GSK980TDc 数控系统操作方式

GSK980TDc 有编辑、自动、录入、机床回零、单步/手脉、手动、程序回零、手脉试切共八种操作方式。

1）机床回零操作方式：在机床回零操作方式下，可分别执行进给轴回机床零点操作。

2）录入操作方式：在录入操作方式下，可进行参数的输入以及代码段的输入和执行。

3）编辑操作方式：在编辑操作方式下，可以进行加工程序的建立、删除和修改等操作。

4）单步/手脉操作方式：在单步/手脉进给方式中，CNC按选定的增量进行移动。

5）手动操作方式：在手动操作方式下，可进行手动进给、手动快速、进给倍率调整、快速倍率调整及主轴启停、切削液开关、润滑液开关、主轴点动、手动换刀等操作。

6）手脉试切方式：在手脉试切方式下，可以通过转动手脉来控制程序执行的速度，从而达到检测加工程序的目的。

7）自动操作方式：在自动操作方式下，程序自动运行。

4. 开、关机

1）GSK980TDc通电开机前，应确认：

a）机床状态正常；

b）电源电压符合要求；

c）接线正确、牢固。

GSK980TDc上电后开始自检、初始化。自检、初始化完成后，显示当前位置（绝对坐标）页面，如图3-15所示。

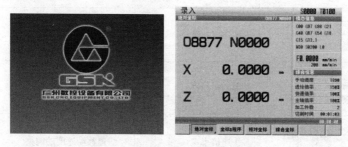

图3-15　系统开机/开机完成画面

2）关机前，应确认：

a）CNC的进给轴处于停止状态；

b）辅助功能（如主轴、水泵等）关闭；

c）先切断CNC电源，再切断机床电源。

5. 回零操作

1）按 ⬛ 键进入程序回零操作方式，页面的左上角显示"程序零点"字样，如图3-16所示。

2）按X、Z方向键，即可回X、Z零点。

3）拖板沿着程序零点方向移动，回到程序零点后，轴停止移动，回零结束指示灯亮，如图3-16所示。

6. 装夹毛坯

常用的装夹方式有以下几种：①夹外圆：可以用普通卡盘（三爪或四爪），也可以用气动卡盘、液压卡盘，还可以用筒式夹具；②胀内孔：可以用手动、气动、液压卡盘，也可用专用夹具；③一顶一夹、胀内孔并顶紧、两顶尖装夹等方式。可根据机床加工工艺要求和实际情况选用合适的装夹方式。图3-1所示工件可用自定心卡盘装夹完成加工，如图3-17所示。

图 3-16　机床回零

图 3-17　自定心卡盘装夹工件

7. 刀具的选用与装刀

1）刀具的选用：应根据所加工的材料、尺寸及加工要求选择对应的刀具型号和对应型号、材质的刀片。

a）车端面、外圆及成形面外圆车刀（一般选用 SVJBR2020K16 刀具）如图 3-18 所示。

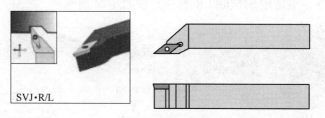

图 3-18　外圆车刀

b）切槽及切断刀（一般选用 HGMR2020K6-3 切槽刀）如图 3-19 所示。

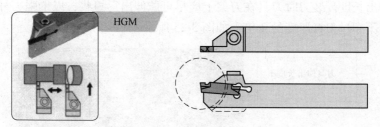

图 3-19　切槽刀

c）外、内螺纹车刀（一般选用 SEPR2020K16、SIRQ16 刀杆）如图 3-20、图 3-21 所示。

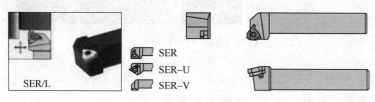

图 3-20　外螺纹车刀

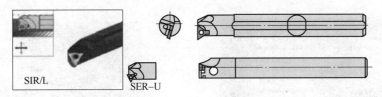

图 3-21　内螺纹车刀

d）钻孔：一般选用 A 型 2.5mm 中心钻、直径 16~25mm 的锥柄高速钢麻花钻，或对应直径的 U 钻（快速钻头）钻孔，如图 3-22、图 3-23 所示。

图 3-22　中心钻和麻花钻

e）内孔车刀（一般使用 S16Q09CR 刀杆）如图 3-24 所示。

图 3-23　U 钻（快速钻头）

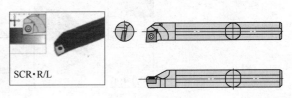

图 3-24　内孔车刀

2）装刀（本章实例以前置四工位刀架为例）：

①车刀伸出长度。装刀时刀具在刀架上应尽可能伸出得短些，以增强刀杆刚性，一般车刀伸出的长度不超过刀杆厚度的 2 倍，如图 3-25 所示。

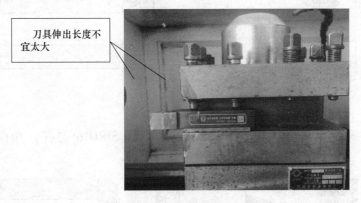

图 3-25　刀具伸出长度

②车刀刀尖的高度。

a）用顶尖测量主轴中心高度，如图 3-26 所示。

b）车刀安装得过高或过低会引起车刀角度的变化而影响切削，刀尖点应对准工件的中

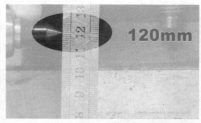

图 3-26 使用顶尖测量主轴中心高度

心，刀尖高度和顶尖高度一致，如图 3-27 所示。

c）刀具的高度可通过加垫片调整（尽可能地用厚垫片以减少片数，一般只用 1~2 片），如图 3-28 所示。

图 3-27 测量刀尖高度　　　　　　　图 3-28 使用垫片调整刀具高度

③安装车刀的角度。在选择刀具型号时应选择与刀架刀位槽大小一致的刀具。安装时刀杆地面和侧面贴合刀架槽位两面即可。

④车刀装上后，要紧固刀架螺钉，一般要紧固两个螺钉。紧固时，应轮换逐个拧紧。同时要注意，一定要使用专用扳手，不允许再加套管（压力杆）等，以免使螺钉受力过大而变形或损伤，如图 3-29 所示。

⑤常用刀具的安装示意图如图 3-30~图 3-34 所示。

图 3-29 刀具安装锁紧　　　　　　　图 3-30 切槽刀装刀

8. 程序的编辑录入与管理

1）程序的建立：按 本地目录 软键，进入本地目录子页面，再按 打开&新建 软键，在弹出的对话框中依次键入数字 0001（以建立 O0001 程序为例），显示如图 3-35 所示。

图 3-31　外螺纹刀装刀

图 3-32　车床用刀座及转换套

图 3-33　内孔车刀装刀

图 3-34　钻头的安装

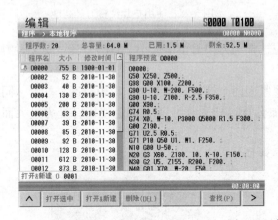

图 3-35　新建程序

2）按 <u>换行
EOB</u>（或 <u>输入
IN</u>）键建立新程序，当前页面自动切换为程序内容子页面，如图 3-35 所示。

注：建立加工程序时，如果输入的程序名已经存在，则会打开该文件，否则自动新建一个。按照编制好的零件程序逐个输入，每输入一个字符在屏幕上立即显示，一个程序段输入完毕，按 <u>换行
EOB</u> 或 <u>输入
IN</u> 键结束。GSK980TDc 系统可使用外接键盘和面板编辑键盘对程序内容进行编辑。

3）本地目录。按 本地目录 软键进入本地程序子页面，按 ⇧ ⇩ 键上下调整光标，按 📋 📋 键上下翻页，按 输入IN 键进入程序内容，按 ▶ 键进入下一页菜单，如图3-36所示。

4）U盘目录页面。按 U盘目录 软键进入U盘目录子页面，选择程序方法同上。按 ▶ 键进入下一页菜单，如图3-37所示。

图3-36 本地目录打开程序

图3-37 U盘目录打开程序

5）循环指令辅助编程。按 编辑 键进入编辑操作方式，按 程序PRG 键进入程序页面集，使光标处于循环指令的所在行，如图3-38所示。

按 辅助编程 软键，系统自动识别循环指令类型进入相应的编程指令，并录入已有的数据，如图3-39所示。输入数据后按 保存退出 软键生成程序，如图3-40所示。

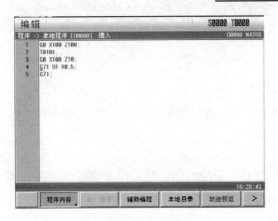

图3-38 程序编制

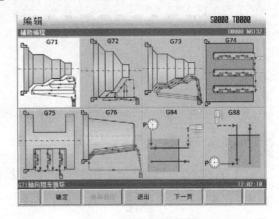

图3-39 辅助编程选择

6）程序的删除。选择编辑操作方式，按 程序PRG 键进入程序页面集，按 本地目录 软键进

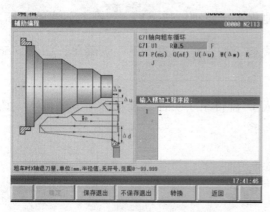

图 3-40　辅助编程生成程序

入目录页面；按 ⬆ ⬇ 键，选择要删除的程序，按 删除DEL 软键，按 输入IN 键程序被删除，如图 3-41所示。按 ▶ 键进入下一页菜单，按 删除全部 软键，再按 输入IN 键，全部程序被删除，如图 3-42 所示。

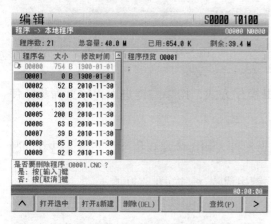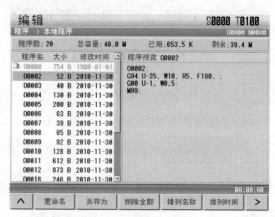

图 3-41　删除单个程序　　　　　　图 3-42　删除所有程序

9. 程序运行

1）自动运行的启动：按 自动 键选择自动操作方式；选择需要运行的程序或程序段，按 循环起动 键启动，程序自动运行。

2）自动运行的暂停：含有 M00 的程序段执行后，暂停自动运行，模态功能、状态全部被保存起来。按面板 键或外接运行键后，程序继续执行。

3）按 RESET 键所有轴运动停止；M、S 功能输出无效（可由参数设置按键后是否自动关闭主轴逆时针转/顺时针转、润滑、冷却等信号），自动运行结束，模态功能、状态保持。

4）在机床运行过程中，遇到危险或紧急情况按急停按钮（外部急停信号有效时），

CNC 即进入急停状态，此时机床移动立即停止，所有的输出（如主轴的转动、切削液等）全部关闭。松开急停按钮解除急停报警，CNC 进入复位状态。

5）任意段自动运行。按 编辑 键进入编辑操作方式，按 程序PRG 键并进入程序内容显示页面。

a）将光标移至准备开始运行的程序段处（如从第三行开始运行，移动光标至第三行开头）；

b）如当前光标所在程序段的模态（G、M、T、F 代码）缺省，并与运行该程序段的模态不一致，必须执行相应的模态功能后方可继续下一步骤；

c）按 自动 键进入自动操作方式，按 循环起动 键启动程序运行。

10. 相对/绝对坐标值清零

1）相对 U、W 值清零：①方法 1：按 相对坐标 软键直至页面显示，此时按 U 轴清零 软键 U 值清零，按 W 轴清零 软键 W 值清零，如图 3-43 所示。②方法 2：切换到相对坐标显示子页面，此时按 U 键，当页面中的大字符"U"闪烁时，再按 取消CAN 键，则 U 值被清零；W 值的清零方法相同。当多个轴有效时，清零方法相同。

2）绝对坐标清零方法如下：①方法 1：按 综合坐标 软键直至综合坐标位置页面显示，此时按 X 轴清零 软键，X 轴坐标值清零，按 Z 轴清零 软键，Z 轴坐标值清零，如图 3-44 所示。②方法 2：切换到综合坐标子页面，同时按 X + 取消CAN 键清除 X 轴机床坐标值；同时按 Z + 取消CAN 键，清除 Z 轴机床坐标值。当多个轴有效时，清零方法相同。只有当各轴没有机械零点（状态参数 No.0014 的 bit0~bit4 设置为 0）时，该操作才有效。

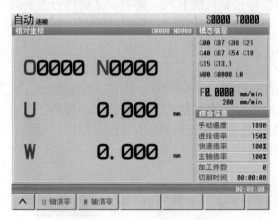

图 3-43 相对位置显示页面

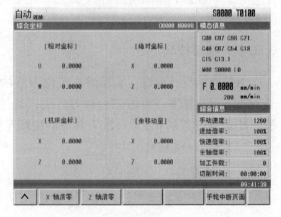

图 3-44 综合坐标位置页面

11. 坐标 & 程序显示页面

在坐标 & 程序显示页面中，同时显示当前位置的绝对坐标、相对坐标（若状态参数

No. 180 的 bit0 设置为 1，则显示当前位置的绝对坐标、移动量、机床坐标）及当前程序的 7 个程序段，在程序运行中，显示的程序段动态刷新，光标位于当前运行的程序段，如图 3-45 所示。

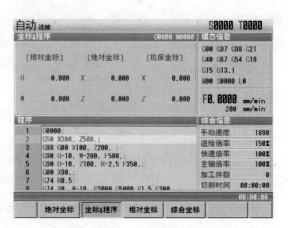

图 3-45 坐标 & 程序显示页面

12. 紧急操作

在加工过程中，由于用户编程、操作以及产品故障等原因，可能会出现一些意想不到的结果，此时必须使 GSK980TDc 立即停止工作。本节描述的是在紧急情况下 GSK980TDc 所能进行的处理，数控机床在紧急情况下的处理请见机床制造厂的相关说明书。

1）复位：GSK980TDc 异常输出、坐标轴异常动作时，按 RESET 键，使 GSK980TDc 处于复位状态：所有轴运动停止；M、S 功能输出无效（可由参数设置按 RESET 键后是否自动关闭主轴旋转、润滑、冷却等信号），自动运行结束，模态功能、状态保持。

2）急停：机床运行过程中在危险或紧急情况下按急停按钮（外部急停信号有效时），CNC 即进入急停状态，此时机床移动立即停止，主轴的转动、切削液等输出全部关闭。松开急停按钮解除急停报警，CNC 进入复位状态。

3）进给保持：机床运行过程中可按 进给保持 键使运行暂停。需要特别注意的是，在螺纹切削、攻螺纹循环中，此功能不能使运行立即停止。

4）切断电源：机床运行过程中在危险或紧急情况下可立即切断机床电源，以防事故发生。但必须注意，切断电源后 CNC 显示坐标与实际位置可能有较大偏差，必须进行重新对刀等操作。

3.2.1 对刀技巧

为简化编程，允许在编程时不考虑刀具的实际位置。GSK980TDc 提供了定点对刀、试切对刀及回机床零点对刀三种对刀方法，通过对刀操作来获得刀具偏置数据。在考证、竞赛、小批量生产和未建立标准刀具库的生产车间一般采用试切对刀。

3.2.1.1 试切对刀

1. 主轴操作

1）MDI 方式转动主轴。按 MDI 键进入录入操作方式，按 程序 PRG 键，再按 MDI 程序 软键进入 MDI 程序页面，依次键入 M03 S1000，按 换行 EOB 键，再按 输入 IN 键输入，按 循环启动 转动主轴，如图 3-46 所示。

2）手动操作主轴。手动操作方式下，按 主轴正转 键，主轴顺时针转；手动操作方式下，按

 键，主轴停止；手动操作方式下，按  键，主轴逆时针转。

2. 手动/手轮方式移动刀架

1）手动方式：按住 ⬆️$_X$ 或 ⬇️ 键可使 X 轴向负向或正向进给，松开按键时轴运动停止；按住 ⬅️$_Z$ 或 ➡️ 键可使 Z 轴向负向或正向进给，松开按键时轴运动停止；当进行手动进给时可按 ⟋⟍%+、⟋⟍100%、⟋⟍%− 键修改手动进给倍率，按下 〰️ 键，使按键指示灯亮，则进入手动快速移动状态。

2）手轮方式/手脉（增量）：按 🔘手脉 键进入单步操作方式，按 ⟋⟍×1、⟋⟍×10、⟋⟍×100、⟋⟍×1000 键，选择移动增量。按一次 ⬆️$_X$ 或 ⬇️ 键，可使 X 轴向负向或正向按单步增量进给一次；按一次 ⬅️$_Z$ 或 ➡️ 键，可使 Z 轴向负向或正向按单步增量进给一次。手摇脉冲发生器如图 3-47 所示。

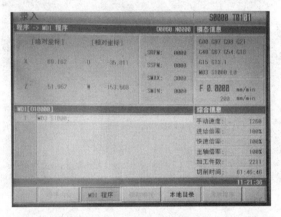

图 3-46 录入方式主轴正转　　　　图 3-47 手摇脉冲发生器

按 🔘手脉 键进入单步操作方式，按 ⟋⟍×1、⟋⟍×10、⟋⟍×100、⟋⟍×1000 键，选择移动增量。在手脉操作方式下，按 ⬆️$_X$、⬅️$_Z$ 键选择相应的轴。手脉进给方向由手脉旋转方向决定。一般情况下，手脉顺时针为正向进给，逆时针为负向进给。

3. 换刀操作

按 🔘MDI 键进入录入操作方式，按 程序PRG 键，再按 MDI 程序 软键进入 MDI 程序页面。如换 01 号刀，则键入 T0101，按 换行EOB 键，再按 输入IN 键输入，按 🔘 键转动主轴，显示如图 3-46 所示。也可以在手轮/手动方式下直接按 🔘换刀 键依次换至所需要的刀位。

4. 外圆刀对刀（外圆刀为 01 号刀）

在实际加工中，一般在工艺编制时首先手动或自动切削零件端面。因此将外圆刀切削刀具装在 01 号刀位，作为基准刀使用，方便编程与操作。

1）Z方向对刀：

a）选择外圆刀，使刀具沿A表面切削；如图3-48~图3-50所示。在Z轴不动的情况下沿X轴退出刀具，并且停止主轴旋转；或直接按 记录 Z轴坐标 软键，此时可直接移开刀具。

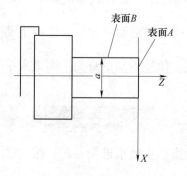

图3-48　对刀平面

图3-49　试切端面示意图

图3-50　试切端面

b）按 刀补 OFT 键进入偏置界面，选择刀具偏置页面，按 ↑ ↓ 键移动光标，在该刀具对应刀号（如01号刀则在序号01行）的偏置号中键入Z 0并按 输入 IN 键，如图3-51所示。

2）X方向对刀：

a）使刀具沿B表面切削；在X轴不动的情况下，沿Z轴退出刀具，并且停止主轴旋转；或直接按 记录 X轴坐标 软键，CNC记录该位置的绝对坐标值。

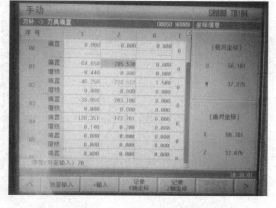
图3-51　Z方向偏置设置

b）测量直径a（测量得a=48.672mm），如图3-52所示。

图3-52　试切外圆并测量试切后的直径尺寸

c）按 刀补 OFT 键进入偏置界面，选择刀具偏置页面，按 ↑ ↓ 键移动光标，在该刀具对应刀号（如外圆刀为 01 号刀则在序号 01 行）的偏置号中键入 X48.672 并按 <u>输入</u> 键，如图 3-53 所示。

5. 切槽刀对刀（切槽刀安装在 02 号刀位）

1）Z 方向对刀：

a）Z 方向对刀时不能切削表面 A，轻碰即可，如图3-54所示。

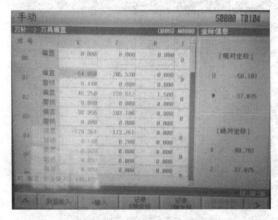

图 3-53　X 方向偏置设置

图 3-54　切槽刀轻碰表面

b）按 <u>刀补</u> 键进入偏置界面，选择刀具偏置页面，按 <u>↑</u> <u>↓</u> 键移动光标，在该刀具对应刀号（切槽刀为 02 号刀则在序号 02 行）的偏置号中键入 Z　0 并按 <u>输入</u> 键，如图 3-55 所示。

2）X 方向对刀：

a）使刀具沿 B 表面切削（也可以不切削，直接轻碰表面）；在 X 轴不动的情况下，沿 Z 轴退出刀具，并且停止主轴旋转；或直接按 <u>记录 X轴坐标</u> 软键，CNC 记录该位置的绝对坐标值。

b）测量直径 a（测量得 a = 47.886mm），如图 3-56、图 3-57 所示。

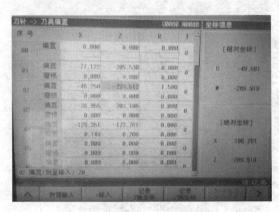

图 3-55　Z 方向偏置设置

图 3-56　试切外圆表面

c）按 刀补 OFT 键进入偏置界面，选择刀具偏置页面，按 ⇧、⇩ 键移动光标，在该刀具对应刀号（切槽刀为 02 号刀则在序号 02 行）的偏置号中键入 X47.886 并按 输入 IN 键，如图 3-58 所示。

图 3-57　测量试切直径

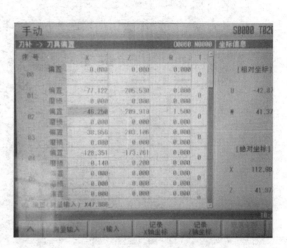

图 3-58　X 方向偏置设置

6. 螺纹刀对刀（螺纹刀为 03 号刀）

螺纹刀对刀方法与外圆车刀和切槽刀的方法相同，即在手轮或手动方式下将螺纹刀尖点移动至工件端面与外圆柱面的交点上，如图 3-58 所示。在 03 号刀对应的偏置中输入 Z0、X47.886（上一把刀对刀的试切值）即可。螺纹刀对刀示意图如图 3-59 所示。

7. 内孔刀具对刀（内孔刀为 04 号刀）

内孔切削刀具的对刀方法与外圆刀类似，只是 X 方向偏置输入值是测量试切内孔的直径。Z 方向对刀也是轻碰工件端面即可，如图 3-60~图 3-62 所示。但如果内孔加工是第一道工序，则需切削工件端面。

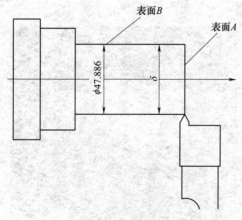

图 3-59　螺纹刀对刀示意图

图 3-60　内孔刀轻碰端面

图 3-61 试切内孔

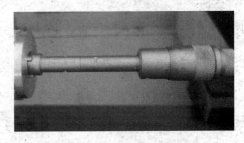

图 3-62 测量试切直径

3.2.1.2 定点对刀

操作步骤：

1）确定 X、Z 向的刀补值是否为零，如果不为零，必须把所有刀具号的刀补值清零，使刀具中的偏置号为 00（如 T0100，T0300），并执行其中的刀偏值〔方法：在 T0100 状态下执行一个移动代码（如 G01 U1）或执行机床回零，回到机床零点自动清除刀偏值〕。

2）选择任意一把刀（一般是加工中的第一把刀，此刀将作为基准刀），将刀尖定位到某点（对刀点），如图 3-63a 所示。在录入操作方式程序→MDI 程序页面下用 G50 X50 Z75 代码设定工件坐标系。

3）使相对坐标（U，W）的坐标值清零。

4）移动刀具到安全位置后，选择另外一把刀具，并移动到对刀点，如图 3-63b 所示。

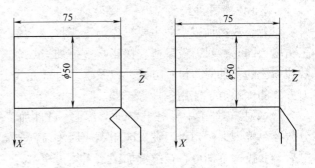

图 3-63 工件上的对刀点

5）按 刀补 OFT ⬆ ⬇ 键移动光标选择该刀对应的刀具偏置号。

6）按地址键 U ，再按 输入 IN 键，X 向刀具偏置值被设置到相应的偏置号中。

7）按地址键 W ，再按 输入 IN 键，Z 向刀具偏置值被设置到相应的偏置号中。

8）重复步骤 4）~7），可对其他刀具进行对刀。

3.2.1.3 回机床零点对刀

用此对刀方法不存在基准刀非基准刀问题，在刀具磨损或调整任何一把刀时，只要对此刀进行重新对刀即可。对刀前回一次机床零点。断电后再上电只要回一次机床零点后即可继续加工，操作简单方便。操作步骤如下（以工件端面建立工件坐标系）：

1）按 ⟳ 回参考点 键进入机床回零操作方式，使两轴回机床参考点。

2）选择任意一把刀，使刀具中的偏置号为 00（如 T0100、T0300）。

3）使刀具沿 A 表面切削；在 Z 轴不动的情况下，沿 X 轴退出刀具，并且停止主轴旋

转；或直接按 记录Z轴坐标 软键，CNC记录该位置的绝对坐标值，此时可直接移开刀具；按

刀补OFT 键进入偏置界面，选择刀具偏置页面，按 ⇧ ⇩ 键移动光标选择该刀具对应的偏置

号；依次键入Z0并按 输入IN 键；Z轴偏置值被设定。

4）使刀具沿B表面切削；在X轴不动的情况下，沿Z轴退出刀具，并且停止主轴旋

转；或直接按 记录X轴坐标 软键，CNC记录该位置的绝对坐标值，此时可直接移开刀具。

5）测量距离a（假定$a=48.672$）；按 刀补OFT 键进入偏置界面，选择刀具偏置页面，按

⇧ ⇩ 键移动光标选择该刀具对应的偏置号；依次键入X48.672并按 输入IN 键，X轴刀具偏

置值被设定。

6）重复步骤3）~5），即可完成其他刀的对刀。

注1：机床必须安装机床零点开关才能进行回机床零点对刀操作。

注2：回机床零点对刀后，不能执行G50代码设定工件坐标系。

3.2.1.4 实用技巧

对刀是数控加工中的主要操作与重要技能。在一定条件下，对刀精度可以决定零件的加工精度，同时，对刀效率还直接影响数控加工效率。仅仅知道对刀方法是不够的，还要知道数控系统的各种对刀设置方式，以及这些方式在加工程序中的调用方法，同时要知道各种对刀方式的优缺点、使用条件等。

1）数控车加工中，对于实训、考证、试件加工一般采用试切对刀，方便快捷。但在部分数控系统中，试切对刀在机床断电或回零后需要重新对刀。定点对刀和回零对刀在机床断电后，开机回零即可直接继续加工，无须再次对刀。因此批量生产中经常使用定点对刀和回零对刀。

2）对于多工位刀架的数控车床对刀，可使用对刀仪进行定点对刀，提高效率，同时可减少更换刀具后重复对刀，如图3-64所示。

3）在毛坯规则、端面加工余量少时，Z轴对刀时可不试切端面，直接将刀具移动到离毛坯端面向Z轴负方向移动1~2mm，输入Z0即可，减少对刀时间，但要确保加工程序能将端面切削完整，如图3-65所示。

4）对刀的准确程度直接影响加工精度，因此，对刀方法一定要与零件加工精度要求相适应。当零件加工精度要求过高时可采用百分表/千分

图3-64 数控车床用对刀仪对刀

表，结合机床位置（相对位置）坐标，输入偏置值。对刀时一般以机床主轴轴线与端面的交点为刀位点，即假设基准刀的刀长为0，其对刀的长度就是其刀补值，故无论采用哪种刀具对刀，结果都是机床主轴轴线与端面的交点与对刀点重合，利用机床的坐标显示确定对刀点在机床坐标系中的位置，从而确定工件坐标系在机床坐标系内的位置。

离毛坯端面向Z轴负方向移动1~2mm，可不试切端面。

图 3-65　毛坯规则、端面加工余量少时 Z 轴对刀

对刀后刀具偏置验证步骤如下：

数控车床的对刀要求熟悉数控系统和机床的基本操作，正确使用量具。操作步骤较为烦琐，对于初学者来说容易出错。为避免对刀操作不当而引起在加工中工件过切、报废，甚至撞刀，在对刀后需要验证刀具偏置设置是否正确。广州数控 GSK980TDc 数控系统验刀步骤如下（以 T0101 外圆刀为例）：

1）在 MDI 方式下，输入：

M03 S900；

T0101；

G01 X100 Z100 F2；

G01 X0 F2；

M30；

2）输入后以单段方式运行，如图 3-66 所示。

3）运行完程序后用钢直尺或游标卡尺测量，检测刀尖与工件零点的位置（刀尖是否在工件轴线上且距离为 100mm），如图 3-67 所示。

图 3-66　MDI 方式输入、运行验刀程序

图 3-67　验证刀具偏置和位置

4）其他刀的验刀方法相同，只需要改变刀具号和偏置号，如验证 02 号刀则输入 T0202。

3.2.2　常见问题及处理

零件从毛坯到合格的零件，需要正确地操作机床、系统；选用合适的刀具、正确对刀；合理的加工工艺、正确的程序。在操作和加工过程中往往出现各种问题，下文列举了部分常见问题和解决方法。

1）加工时出现零件未完成或有部分未切削：检查对刀是否正确，试切后的退刀方向是否正确，如对 X 方向时，退刀时是否移动了 X 方向。出现此情况，按对刀操作步骤重新对刀。

2）零件其他特征完整，但最右端特征变短：此情况是因为多次试切了端面，导致不同刀具在工件上的坐标原点不一样。需要更换毛坯并重新对刀。

3）程序运行结束后没有零件或零件不完整（零件部分或全部被切削）：此情况一般为在编制外圆加工循环程序段中含有 X-＊＊，应修改程序并校验程序。

4）内孔加工中粗车之后余量不足或者尺寸直接过切：此种情况应检查在系统中预留余量是否正确，如内孔加工在数控系统中预留余量需要输入-0.2，是否输入为 0.2。

5）槽加工时程序正确，出现槽的单侧面与图样不符的斜面：此情况多为刀具安装错误或者刀具伸出长度不合理、刀具刚性不足引起的让刀导致。

3.3　零件精度的分析与处理方法

3.3.1　零件调头校正

1）保证零件装夹可靠。完成部分工序加工后，调头装夹需保证零件装夹可靠，避免装夹部位过短或太小，零件在加工中发生位移和滑脱。因此在制定加工工艺时需考虑好调头后的装夹部位。原则为：夹大车小、夹多车少；选择装夹零件尺寸相对较大，长度不小于所加工部分伸出长度的 1/10 的圆柱面。装夹部位过短或过小的零件可采用一夹一顶装夹，亦可使用软爪或加工制作专用夹具装夹。

2）一般装夹部位是零件的已加工表面。为了避免夹伤、夹花零件而导致零件不合格，应对零件的已加工表面进行保护。对零件已加工表面的常用保护措施有：

a）垫铜皮保护。在零件装夹部位与卡盘卡爪接触部位垫上一层厚度 0.5~2mm 的铜皮（纯铜或黄铜）对零件表面进行保护，如图 3-68 所示。

b）夹套保护。夹套保护的原理与铜皮保护相同，避免零件加工表面和卡爪直接接触。应选择与装夹部位直径相近的夹套装夹。制作夹

图 3-68　铜皮（纯铜或黄铜）

套时应注意，锐边和夹套切开部位需要倒钝或倒圆处理，避免锐边和切开夹套产生的毛刺夹花零件表面，如图3-69所示。

图3-69 开口夹套

c）软爪装夹。软爪是为了提高工件的重复定位精度而采取的措施，可成批进行精加工。把原自定心卡盘淬火的卡爪改换为低碳钢、铜或铝合金软爪。软爪卡盘装夹已加工表面或软金属，不易夹伤表面。对于薄壁工件，可用扇形爪，增大与工件接触面积而减小工件变形。车削软爪时直径应比夹持零件直径大0.2mm左右，为了消除间隙，必须在卡爪内或卡爪外安装一适当直径的圆柱或圆环，它们在软爪安装的位置，应和工件夹紧的方向一致，否则不能保证工件定位精度，如图3-70所示。

a）低碳钢软爪　　　　　　　　b）铝合金软爪

c）修爪器　　　　　　　　d）软爪装夹工件

图3-70 软爪的应用

d）零件校正已加工部分回转中心与主轴轴线平行误差（零件的同轴度）、零件端面与主轴轴线的垂直误差（平行度）。方法为：安装零件给予适当夹紧力，将百分表固定在刀架或导轨上，表头与已加工外圆表面、侧面接触并下压0.2～1mm（需根据百分表的量程调整）；手动回转卡盘，找到百分表读数最大（最高点）和最小（最低点）的两个位置并计算出中间值；用铜棒或者塑料棒轻轻地由最高点或最低点向中间值敲击，重复此操作直至百分表的读数在零件图样要求范围之内即可，注意夹紧后需要再次确认，如图 3-71 所示。

图 3-71　百分表校正工件形位精度

3.3.2　零件精度控制方法

1. 刀具磨损补偿法

1）在运行零件精加工程序前在 X、Z 方向各留余量。X 方向尺寸要求为 $D_X \pm \delta$ 为基本尺寸，$\pm \delta$ 为对称公差。在最后一道工序（精加工）之前，X 方向需留有余量为 Δ_X（一般预留 0.2mm，即 $\Delta_X = 0.2$mm）；同理，Z 方向尺寸要求为 $L_Z \pm \delta$，L_Z 为基本尺寸，$\pm \delta$ 为对称公差，Z 方向需留有余量 Δ_Z（一般预留 0.1mm，即 $\Delta_X = 0.1$mm），则该尺寸在精加工前的理论值分别为 $D_X + \Delta_X$ 和 $L_Z + \Delta_Z$。方法为在刀补表中对应刀号的刀具 X 方向磨损值中输入 0.2（如内孔留余量则输入 -0.2）、Z 方向磨损值中输入 0.1，如图 3-72 所示。

图 3-72　刀具磨损值预留余量

2）运行精加工程序后，测量得零件尺寸 $D_1(L_1)$ 可计算得出实际所需余量 $A_X(A_Z)$，计算方法为：

$$A_X = (D_X + \Delta_X) - D_1, \quad A_Z = (L_Z + \Delta_Z) - L_1$$

将实际余量值 A_X、A_Z 累加输入对应刀号的磨损值中，如图 3-73 所示。再次运行精加工程序，直至加工出合格的零件。

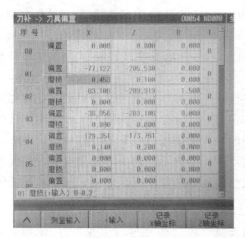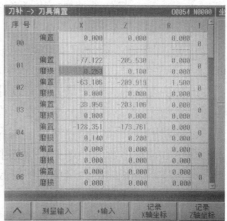

图 3-73 修改刀具磨损值

3）在输入预留精加工余量和测量后的加工余量时必须确保输入正确，避免零件直接过切。

4）刀具磨损补偿法一般适用于对称偏差或尺寸偏差相同的位置，如 $\phi22^{+0.05}_{+0.01}$mm、$\phi30^{+0.05}_{+0.01}$mm。遇到非对称偏差尺寸时，可将尺寸化为对称偏差形式。例如：3.1 节零件右端尺寸 $\phi45^{-0.03}_{-0.06}$mm 和 $\phi50^{-0.010}_{-0.039}$mm 化为对称偏差形式（44.955±0.015）mm 和（29.975±0.015）mm。可以理解为编程时坐标节点输入的数值为尺寸偏差带中心值。尺寸多而偏差极其不规则的零件加工时，编程时可以一个程序只加工一个尺寸，同样可以使用此方法。

2. 程序修改法

1）粗加工程序运行完之后（程序运行至 M00 暂停时），检测零件各个特征所预留余量是否均匀。在实际加工中，因机床精度、零件伸出长度、零件和刀具材料等原因往往会出现余量不均匀现象，如图 3-74 所示。

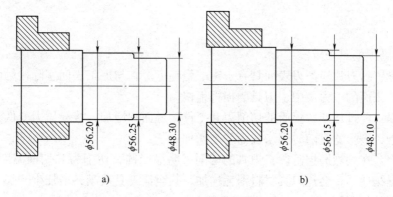

a)　　　　　　　　　　　　b)

图 3-74 余量不均匀

2）修改方法：在加工程序中找到测量位置节点坐标数值，计算实际测量数值与预留余量之差。例如，图 3-74 中差值为正，则将该节点坐标 X 数值减去差值，修改输入；差值为负，则将该节点坐标 X 数值加上差值，修改输入。

3）例：

差值为正时，X48 Z-0.5 修改为：X47.95 Z-0.5；差值为负时，X48 Z-0.5 修改为：X48.05 Z-0.5。

4）此方法适用于加工数量较多或批量加工，零件伸出长度较长时，注意检测零件表面的直线度。

在零件的精度控制中，无论是刀具磨损补偿法还是程序修改法都是直接改变刀具的运动轨迹而达到加工精度。刀具磨损补偿法在对称偏差、尺寸偏差相同的加工中使用非常方便快捷，在非对称偏差中需将尺寸偏差换算，编程时输入的坐标节点需是尺寸公差带中心。程序修改法要求操作者对程序较为熟悉。在批量生产中产品并不是同一个人完成的，编程人员与机床操作人员往往是分开的，为避免程序修改错误而导致整批产品报废，应将程序锁住，使机床操作人员无权限修改程序。

3.3.3 常见零件精度偏差现象及其处理方法

1. 常见零件精度偏差现象分析

1）零件精度难以控制，修改磨损补偿值或程序后，补偿量不稳定，出现切不到或直接过切现象。出现此类现象原因一般是因为机床刚性不足、机床反向间隙补偿设置不合理或机床硬件磨损老化。

2）零件出现锥形现象，精加工后零件同一尺寸的圆柱面出现两端尺寸偏差。可检查机床安装是否水平、卡盘安装是否正确合理、主轴轴线与导轨是否平行、主轴部件是否磨损或损坏。

3）零件表面质量不稳定，精加工后零件表面精度出现同一特征表面质量不一致等现象。检查切削参数设置是否合理，根据机床实际情况调整切削参数（转速、进给速度、切削深度）。检查所选用刀具的负偏角、刀尖圆角半径等参数，选用适合的刀具，如加工3.1.1 节零件外圆部应选用负偏角 55° 外圆车刀，加工 45 钢材的刀片（以京瓷刀片为例，则选用 TN 系列，刀尖半径为 0.4mm）。

2. 常用处理方法

1）分析刀具磨损。

a）刀具磨损的三个阶段：

初期阶段：新刀片切削刃表面具有一定的粗糙度。它与加工表面实际接触面积很小，让切削刃和加工表面的应力集中，刀具磨损得很快。

正常磨损：经过初期磨损后的切削刃和工件接触面积增加，接触压力变低，磨损量的增加也趋于缓慢，磨损宽度随时间增长而均匀增加。

剧烈磨损：在剧烈磨损阶段，刀具的切削刃明显变钝，切削力和切削温度都明显增加。如果刀具还继续使用，会让刀具材料消耗增加，甚至让刀具报废，增加生产加工成本，同时降低零件表面的加工精度，严重时导致零件报废。

b）刀具磨损异常，容易崩刀或者磨损过快。检查刀具材质与所加工材料材质是否匹配，更换与加工材质匹配的刀片。如加工3.1.1 节零件应选用加工 45 钢材的刀片（以京瓷刀片为例，则选用 TN 系列，刀尖半径为 0.4mm）。

2）机床反向间隙的调整。反向间隙的检测如图 3-75、图 3-76 所示，将百分表放置在拖板或不随刀架移动的位置并固定，表头与需要检测方向平行。将手摇（手持脉冲发生器）

倍率调整至与百分表精度一致，+X 方向压表 0.1～0.2mm 后，位置页面相对位置 U 清零。一格一格地转动手柄，−X 移动刀架。有以下两种情况：

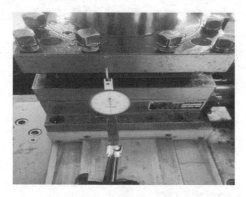

图 3-75　X 轴反向间隙检测

图 3-76　Z 轴反向间隙检测

a）反向间隙补偿不足：转动手柄几格甚至几十格，百分表读数才变化；此时相对位置 U 值显示的数值与百分表移动量绝对值之差即为反向间隙。如：相对位置显示 U−0.09，百分表移动一格或显示−0.01，反向间隙为 0.08mm。

b）反向间隙补偿过大：转动手柄一格，百分表移动几格或者更大；此时百分表移动量与相对位置 U 值显示的数值绝对值之差即为反向间隙。如：百分表移动一格或显示−0.07.相对位置显示 U−0.01。反向间隙补偿过大（0.06mm）。

3）间隙补偿修改。广州数控 GSK980TDc 设置方法如下：

进入参数设置页面转至数据参数页面，在 MDI 方式下打开参数设置开关。在对应方向输入反向间隙补偿值。

a）如 X 方向间隙补偿不足，间隙为 0.08mm，则在 X 轴间隙补偿中加上 80（单位为 μm），原补偿值 94 修改后补偿值应为 174，如图 3-77 所示。

b）X 方向间隙补偿过大 0.06mm，在 X 方向间隙补偿减去 60（单位为 μm），原补偿值 94 修改后补偿值应为 34，如图 3-78 所示。

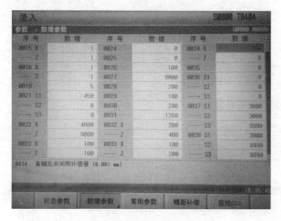

图 3-77　间隙补偿 I

图 3-78　间隙补偿 II

c）机床硬件的检测。机床除日常维护保养外，还需定期检测。如零件加工中出现上述精度偏差时，可检测机床的安装（机床水平、基脚是否稳定）、机床硬件（导轨、镶条、丝杆的磨损程度、各轴联轴器是否松动、伺服电动机皮带老化程度、主轴部件是否磨损）、伺服驱动器参数设置是否匹配等。

注意：机床的检测与维修、安装调试需要专业的安装维修人员进行操作，具体方法本书不做讲解。

3.4 其他高级工考证实例要点快速掌握

3.4.1 轴、套配合件实例精讲

轴套配合件零件图和装配图分别如图 3-79、图 3-80 所示。

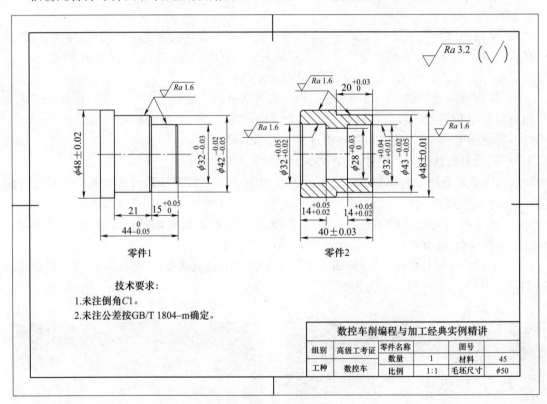

图 3-79 轴套配合件零件图

3.4.1.1 零件的工艺分析和参数设定

1. 零件结构分析

1）零件 1 外轮廓主要由 $\phi48\pm0.02$mm、$\phi42_{-0.05}^{-0.02}$mm、$\phi32_{-0.03}^{0}$mm 圆柱面组成。零件图如图 3-79 所示，装配图如图 3-80 所示。

2）零件 2 外轮廓主要由 $\phi48\pm0.01$mm、$\phi43_{-0.05}^{-0.02}$mm 圆柱面组成，内轮廓由 $\phi32_{+0.01}^{+0.04}$mm、$\phi32_{+0.02}^{+0.05}$mm、$\phi28_{0}^{+0.03}$mm 内孔和相关倒角表面组成。

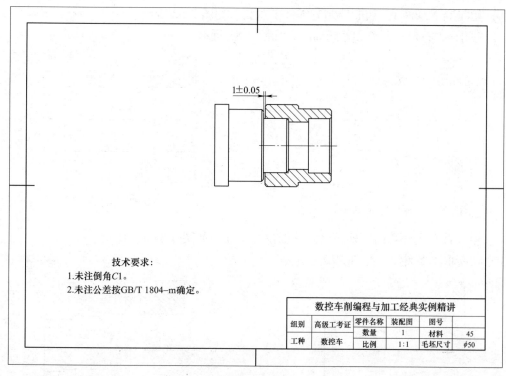

技术要求:
1. 未注倒角C1。
2. 未注公差按GB/T 1804-m确定。

数控车削编程与加工经典实例精讲				
组别	高级工考证	零件名称	装配图	图号	
		数量	1	材料	45
工种	数控车	比例	1:1	毛坯尺寸	φ50

图 3-80　轴套配合件装配图

3) 整套零件尺寸标注符合数控加工实际尺寸标注要求, 轮廓描述清晰完整, 无热处理和硬度要求。

2. 技术要求分析

1) 尺寸精度和形状精度为 IT7~IT9 级要求。

2) 表面粗糙度: 零件内外表面表面粗糙度全部要求为 $Ra1.6\mu m$, 未标注表面粗糙度要求为 $Ra3.2\mu m$。

3. 加工工艺分析 (工艺参数设定)

1) 工件加工时采用自定心卡盘装夹, 根据加工需求留出加工长度。

2) 毛坯尺寸为 φ50mm 棒料, 加工时需要切断和调头完成加工。为了减少工件的装夹次数, 可以通过一次装夹完成多个工序的工作。

3) 工艺步骤:

a) 夹持毛坯外圆, 加工零件 1 外轮廓, 并在末端倒角处理, 如图 3-81 所示。

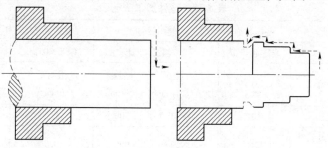

图 3-81　零件 1 外轮廓加工

b）切断取下零件 1。切断控制时零件 1 总长，如图 3-82 所示。

c）钻孔 $\phi20$mm（钻孔深度 50mm），如图 3-83 所示。

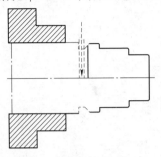

图 3-82　切断（切下零件 1）

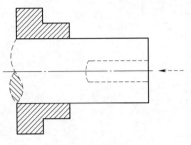

图 3-83　钻孔 $\phi20$

d）粗、精车零件 2 内、外轮廓及其倒角等特征，如图 3-84 所示。

e）切断取下零件 2，如图 3-85 所示。

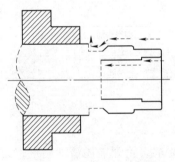

图 3-84　零件 2 内、外轮廓

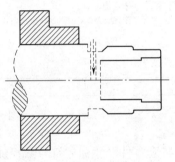

图 3-85　切断（切下零件 2）

f）夹持零件 2 外圆 $\phi43_{-0.05}^{-0.02}$mm 已经加工表面，粗、精车零件 2 左端内轮廓，同时确保配合后间距为（1±0.05）mm，完成加工如图3-86 所示。

4. 零件加工工艺表

零件加工工艺表见表 3-15。

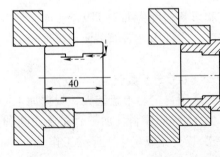

图 3-86　粗、精车零件 2 左端内轮廓

表 3-15　零件加工工艺表

工序号	程序编号	夹具名称	使用设备		数控系统	车间	
		自定心卡盘	卧式数控车床		GSK980TDc	数控车削车间	
工步号	工步内容	刀具号	刀具规格尺寸/mm	转速 $n/$（r/min）	进给量 $f/$（mm/r）	背吃刀量 $a_p/$mm	备注
1	车端面	T01	20×20	900	0.2	1	
2	粗车零件 1 外轮廓留 0.2mm 余量	T01	20×20	900	0.2	1	

（续）

工步号	工步内容	刀具号	刀具 规格尺寸/mm	转速 $n/(\text{r/min})$	进给量 $f/(\text{mm/r})$	背吃刀量 a_p/mm	备注
3	精车零件1外轮廓	T01	20×20	1400	0.14	0.2	
4	切断零件	T02	20×20	800	0.06	3	
5	钻中心孔	中心钻	B2.5	1800			手动
6	钻孔	麻花钻	$\phi20$	500			手动
7	粗车零件2内轮廓 留0.2mm余量	T04	$\phi16$	900	0.2	1	
8	精车零件2内轮廓	T04	$\phi16$	1200	0.14	0.2	
9	粗车零件2外轮廓 留0.2mm余量	T01	20×20	900	0.2	1	
10	精车零件2 外轮廓	T01	20×20	1400	0.1	0.2	
11	切断零件	T02	20×20	800	0.1	3	
12	零件2调头找正						手动
13	粗车零件2内轮廓 留0.2mm余量	T04	$\phi16$	900	0.2	1	
14	精车零件2 内轮廓	T04	$\phi16$	1200	0.14	0.2	
编制		审核		批准		共 页	

5. 工具、量具、刀具选择

1）零件加工工具清单见表3-16。

表3-16　工具清单

工具清单				图号			
种类	序号	名称	规格	精度	单位	数量	
工具	1	自定心卡盘			副	1	
	2	卡盘扳手			把	1	
	3	刀架扳手			把	1	
	4	磁性表座			个	1	
	5	垫片			片	若干	
	6	活动顶尖			个	1	
	7	钻夹头			套	1	
	8	铜棒			根	1	

2）零件加工量具清单见表3-17。

表 3-17　量具清单

量具清单					图号	
种类	序号	名称	规格	精度	单位	数量
量具	1	外径千分尺	25~50mm	0.01mm	把	1
	2	外径千分尺	50~75mm	0.01mm	把	1
	3	内径千分尺	5~30mm	0.01mm	把	1
	4	游标卡尺	0~150mm	0.02mm	把	1
	5	深度千分尺	0~150mm	0.01mm	把	1
	6	粗糙度样板			套	1
	7	塞尺	0.01~2mm	0.01mm	把	1

3）零件加工刀具清单见表 3-18。

表 3-18　刀具清单

刀具清单					图号		
种类	序号	刀具号	刀具名称	数量	加工表面	刀尖半径/mm	刀尖方位
刀具	1	T01	35°外圆尖刀	1	外圆、端面	0.4	2
	2	T02	3mm 外槽刀	1	切断	0.4	2
	3	T04	φ16mm 内孔车刀	1	内孔	0.2	2
	4		B2.5 中心钻	1	中心孔		
	5		φ20mm 麻花钻	1	钻孔		

3.4.1.2　零件的程序编制技巧

1. 零件程序编制

1）零件 1 外轮廓加工参考程序见表 3-19。

表 3-19　零件 1 外轮廓加工参考程序

程序号	O0001	广州数控 GSK980TDc 系统
程序段号	程序内容	简要说明
	M03 S900	主轴正转，转速为 900r/min
	G99	采用公制进给（mm/r）
	T0101	35°外圆车刀
	G00 X100 Z100	定位到安全位置
	G00 X52 Z2	起刀点
	G71 U1 R0.5	G71 内（外）径粗车复合循环
	G71 P1 Q2 U0.2 W0.1 F0.2	

92

（续）

程序号	O0001	广州数控 GSK980TDc 系统
程序段号	程序内容	简要说明
N1	G01 X30	
	Z0	
	X32 Z-1	
	Z-15	
	X40	
	X42 Z-16	
	Z-36	外轮廓精加工轮廓编程
	X47	
	X48 Z-36.5	
	Z-43.5	
	X47 Z-44	
N2	Z-49	
	G00 X100 M05	停主轴，退刀至安全位置
	Z200	
	M00	暂停
	M03 S1400	主轴正转，转速为 1400r/min
	T0101	精加工刀，执行刀补
	G00 X 52 Z2	快速定位到起刀点
	G70 P1 Q2 F0.14	G70 精车轮廓
	G00 X100	快速退到安全位置
	Z200 M05	程序结束
	M00	暂停
	T0202	换切断刀
	M03 S800	主轴正转，转速为 800r/min
	G00 X52 Z-47	切断零件（根据加工经验切至 X2 保护零件）
	G01 Z2 F0.6	
	G00 X100	快速退到安全位置
	Z200 Z05	主轴停止
	M30	程序结束

2）零件2内轮廓加工参考程序见表3-20。

表 3-20　零件 2 内轮廓加工参考程序

程序号	O0002	广州数控 GSK980TDc 系统
程序段号	程序内容	简要说明
	M03 S900	主轴正转，转速为 900r/min
	G99	采用公制进给（mm/r）
	T0404	换 φ16mm 内孔车刀
	G00 X10 Z100	定位到安全位置
	G00 X19 Z2	快速移动到起到点
	G71 U1 R0.5	G71 内（外）径粗车复合循环
	G71 P1 Q2 U-0.2 W0.1 F0.2	
N1	G01 X34 Z0	
	X32 Z-1	
	Z-14	内轮廓精加工轮廓编程
	X29	
	X28 Z-14.5	
N2	Z-43	内孔车至切断位置
	G00 Z200 M05	退刀至安全位置，停主轴
	M00	暂停
	M03 S1200	主轴正转，转速为 1200r/min
	T0404	执行刀补
	G00 X19 Z2	快速定位到起刀点
	G70 P1 Q2 F0.14	G70 精车轮廓
	G00 Z200 M05	快速退到安全位置
	M30	程序结束

3）零件 2 左端外轮廓加工参考程序见表 3-21。

表 3-21　零件 2 左端外轮廓加工参考程序

程序号	O0003	广州数控 GSK980TDc 系统
程序段号	程序内容	简要说明
	M03 S900	主轴正转，转速为 900r/min
	G99	采用公制进给（mm/r）
	T0101	35°外圆车刀
	G00 X100 Z100	定位到安全位置
	G00 X52 Z2	起刀点
	G71 U1 R0.5	G71 内（外）径粗车复合循环
	G71 P1 Q2 U0.2 W0.1 F0.2	

（续）

程序号	O0003	广州数控 GSK980TDc 系统
程序段号	程序内容	简要说明
N1	G01 X41 Z0	
	G01 X43 Z-1	
	Z-20	外轮廓精加工轮廓编程
	X46	
	X48 Z-21	
N2	Z-45. 22	
	G00 X100 M05	停主轴
	Z200	定位至安全位置
	M00	暂停
	M03 S1400	主轴正转，转速为 1400r/min
	T0101	执行刀补
	G00 X52 Z2	快速定位到起刀点
	G70 P1 Q2 F0. 14	G70 精车轮廓
	G00 Z200 M05	快速退到安全位置
	X100	
	M03 S800	主轴正转，转速为 800r/min
	T0202	换 3mm 切槽刀
	G00 X52 Z2	定位至起刀位置
	Z-45. 22	定位至切断位置
	G01 X28. 15 F0. 06	切断零件
	G00 X100	停主轴
	Z200 M05	返回安全点
	M30	程序结束

4）零件 2 左端内轮廓加工参考程序见表 3-22。

表 3-22　零件 2 左端内轮廓加工参考程序

程序号	O0004	广州数控 GSK980TDc 系统
程序段号	程序内容	简要说明
	M03 S900	主轴正转，转速为 900r/min
	G99	采用公制进给（mm/r）
	T0404	换 ϕ16mm 内孔车刀
	G00 X10 Z100	定位至安全位置
	G00 X25 Z2	起刀点
	G71 U1 R0. 5	G71 内（外）径粗车复合循环
	G71 P1 Q2 U-0. 2 W0. 1 F0. 2	

（续）

程序号	O0004	广州数控 GSK980TDc 系统
程序段号	程序内容	简要说明
N1	G01 X48	利用内孔车刀控制零件总长
	G01 Z0	
	G01 X34	
	G01 X32 Z-1	
	G01 Z-14	
	X30	
N2	X32 Z-15	
	G00 Z200 M05	停主轴
	M00	暂停
	M03 S1200	主轴正转，转速为 1200r/min
	T0404	执行刀补
	G00 X25 Z2	快速定位到起刀点
	G70 P1 Q2 F0.14	G70 精车轮廓
	G00 Z200 M05	快速退到安全位置
	M30	程序结束

2. 零件程序编制技巧

1）应尽量在切断或者切槽处倒角，可减少程序编制数量和加工对刀次数，如图 3-87 所示。

2）减少工步内容和程序编制。零件 2 总长与内轮廓加工同时进行，在对刀时刀具长度补偿或者程序编制时稍做处理。

a）刀具长度补偿：对刀具 Z 方向时，测量零件总长，计算 Z 方向余量，如零件长度为 40mm，实际测量长度为 42.22mm，则刀具长度补偿量输入 2.22mm 即可。需要注意，采用此方法时程序起刀点必须大于长度补偿量。例如：长度补偿量 2.22mm，起刀点需大于 2.22mm。

b）程序处理：测量零件长度，计算余量，如零件长度为 40mm，实际测量长度为 42.22mm，方法为将零件整体偏移 2.22mm，如图 3-88 所示。

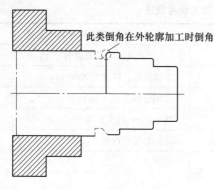

图 3-87 切断处倒角

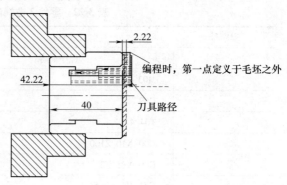

图 3-88 零件长度余量的处理示意图

3）在切断零件时，如果没有内孔，可以预留 2mm（即切至 X2），在退刀后将零件掰下（根据经验，切至 X2 可轻轻掰下）；如有内孔（如切下零件 2），内孔直径加工后为 ϕ28mm，切断时切至 X28.15mm 即可，退刀后可轻松将零件掰下。此法可以避免在切断时零件因惯性而磕伤。

3.4.2 内外锥度配合件实例精讲

内外锥度配合件装配图和零件图分别如图 3-89、图 3-90 所示。

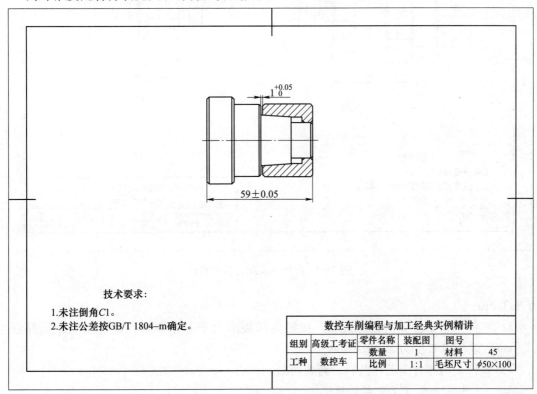

图 3-89 内外锥度配合件装配图

3.4.2.1 零件的工艺分析和参数设定

1. 零件结构分析

1）零件 1 主要由 $\phi48_{-0.03}^{0}$ mm、$\phi40_{-0.03}^{0}$ mm、$\phi20_{-0.035}^{-0.010}$ mm 圆柱面，1：8.5 圆锥面以及有关倒角等表面组成。

2）零件 2 主要由 $\phi40_{-0.03}^{-0.01}$ mm 的圆柱面、1：8.5 圆锥面、$\phi20_{+0.01}^{+0.04}$ mm 内孔和相关倒角组成。

3）整套零件尺寸标注符合数控加工实际尺寸标注要求，轮廓描述清晰完整，无热处理和硬度要求。

2. 技术要求分析

1）尺寸精度和形状精度为 IT7 级要求。

2）表面粗糙度：零件内外表面表面粗糙度全部要求为 $Ra1.6\mu m$，未标注粗糙度要求

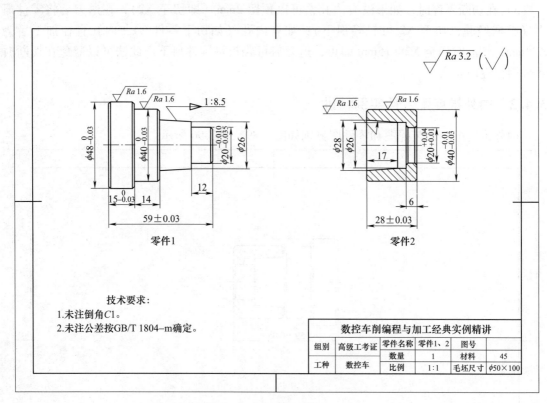

图 3-90　内外锥度配合件零件图

为 $Ra3.2\mu m$。

3）零件 1 与零件 2 的圆锥配合，接触面积要求大于等于 80%，配合后间距需保证为 $1^{+0.05}_{0}$mm，装配总长度为 59±0.05mm。

4）零件 1 与零件 2 毛坯共料，需要切断。

3. 加工工艺分析（工艺参数设定）

1）确定零件的装夹方式：工件加工时采用自定心卡盘装夹，根据加工需求留出加工长度。

2）零件加工工艺路线：毛坯尺寸为 ϕ50mm×100mm 公共材料，加工时需要切断和调头完成加工。为了减少工件的装夹次夹，可以通过一次装夹完成多个工序的工作。

3）工艺步骤：

a）夹持公共毛坯外圆，伸出长度60mm，加工零件2：手动加工端面→手动钻孔（钻孔深度为 32mm），粗、精车零件 2 外圆表面（零件第一次装夹），如图 3-91 所示。

b）调头夹持零件 2 外圆表面并校正，粗、精加工零件 1 至尺寸要求（零件第二次装夹），如图 3-92 所示。

c）切断分离零件，粗、精车零件 2 端面，控制零件 2 总长 28±0.03mm，如图 3-93 所示。

d）粗、精车零件 2 内孔至尺寸要求，保证配合间距 $1^{+0.03}_{0}$mm 并记录配合总长度（便于计算零件 1 端面加工余量），完成零件 2 加工，如图 3-94 所示。

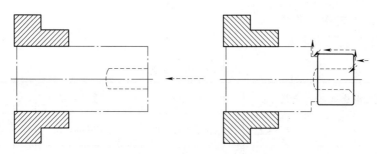

图 3-91 零件 2 钻孔及外轮廓加工

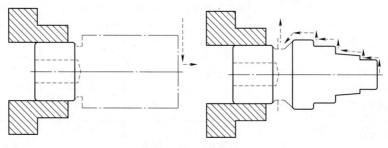

图 3-92 零件 1 外轮廓加工

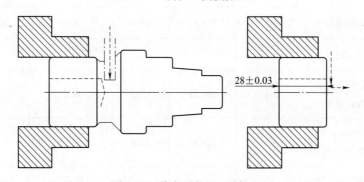

图 3-93 分离零件 1、零件 2

e）夹持零件 1 $\phi 40_{-0.03}^{0}$mm 已加工表面并校正，粗、精加工零件端面，保证零件总长 59 ±0.03mm，完成整套零件加工（第三次装夹），如图 3-95 所示。

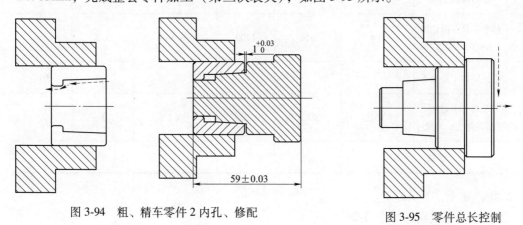

图 3-94 粗、精车零件 2 内孔、修配　　　　　图 3-95 零件总长控制

4. 零件加工工艺表

零件加工工艺表见表3-23。

表 3-23 加工工艺表

工序号	程序编号	夹具名称	使用设备	数控系统	车间	
		自定心卡盘	卧式数控车床	GSK980TDc	数控车削车间	
工步号	工步内容	刀具号	刀具 规格尺寸/mm	转速 n/(r/min)	进给量 f/(mm/r)	背吃刀量 a_p/mm	备注
1	车零件2端面	T01	20×20	900	0.2	1.5	
2	钻孔	麻花钻	$\phi16$	500			手动
3	倒角内孔	T04	$\phi16$	900	0.2	1	
4	粗车外圆 留0.2mm余量	T01	20×20	1200	0.2	1.5	
5	精车外轮廓至尺寸	T01	20×20	1400	0.14	0.2	
6	零件调头找正						手动
7	粗车零件1外圆 留0.2mm余量	T01	20×20	1200	0.2	1	
8	精车零件1 外轮廓至尺寸	T01	20×20	1400	0.14	0.2	
9	切断零件 （分离零件1、2）	T02	20×20	800	0.06	3	
10	粗车零件2内轮廓 留0.2mm余量	T04	$\phi16$	900	0.2	1	
11	精车零件2内轮廓 至尺寸要求	T04	$\phi16$	1200	0.14	0.2	
12	夹持零件1并找正						手动
13	车零件1端面 控制零件总长至尺寸	T01	20×20	1200	0.2	1	
编制		审核		批准		共 页	

5. 工具、量具、刀具选择

1）零件加工工具清单见表3-24。

表3-24 工具清单

工具清单					图号		
种类	序号	名称	规格	精度		单位	数量
工具	1	自定心卡盘				副	1
	2	卡盘扳手				把	1
	3	刀架扳手				把	1
	4	磁性表座				个	1
	5	垫片				片	若干
	6	活动顶尖				个	1
	7	钻夹头				套	1
	8	铜棒				根	1

2）零件加工量具清单见表3-25。

表3-25 量具清单

量具清单					图号		
种类	序号	名称	规格	精度		单位	数量
量具	1	外径千分尺	25~50mm	0.01mm		把	1
	2	外径千分尺	50~75mm	0.01mm		把	1
	3	内径千分尺	5~30mm	0.01mm		把	1
	4	游标卡尺	0~150mm	0.02mm		把	1
	5	深度千分尺	0~150mm	0.01mm		把	1
	6	粗糙度样板				套	1
	7	塞尺	0.01~2mm	0.01mm		把	1

3）零件加工刀具清单见表3-26。

表3-26 刀具清单

刀具清单					图号		
种类	序号	刀具号	刀具名称	数量	加工表面	刀尖半径/mm	刀尖方位
刀具	1	T01	35°外圆尖刀	1	外圆、端面	0.4	2
	2	T02	3mm 外槽刀	1	内孔	0.4	2
	3	T03	3mm 切断刀	1	切断	0.2	2
	4	T04	φ16 内孔车刀	1	内孔	0.2	2
	5		B2.5 中心钻	1	中心孔		
	6		φ18 平底麻花钻	1	钻孔		

3.4.2.2 零件的程序编制与锥度配合精度控制技巧

1. 零件程序编制

1）零件2外轮廓参考程序见表3-27。

表 3-27 零件 2 外轮廓参考程序

程序号	O0001	广州数控 GSK980TDc 系统
程序段号	程序内容	简要说明
	M03 S900	主轴正转，转速为 900r/min
	G99	采用公制进给（mm/r）
	T0101	35°外圆车刀
	G00 X100 Z100	定位到安全位置
	G00 X52 Z2	起刀点
	G71 U1 R0.5	G71 内（外）径粗车复合循环
	G71 P1 Q2 U0.2 W0.1 F0.2	
N1	G01 X38	
	Z0	
	X40 Z-1	外轮廓精加工轮廓编程
	Z-27	
	X38 Z-28	
N2	Z-32	
	G00 X100 M05	停主轴，退刀至安全位置
	Z200	
	M00	暂停
	M03 S1400	主轴正转，转速为 1400r/min
	T0101	精加工，执行刀补
	G00 X 52 Z2	快速定位到起刀点
	G70 P1 Q2 F0.14	G70 精车轮廓
	G00 X100	快速退到安全位置
	Z200 M05	程序结束
	M00	暂停

2）零件 1 外轮廓参考程序见表 3-28。

表 3-28 零件 1 外轮廓参考程序

程序号	O0002	广州数控 GSK980TDc 系统
程序段号	程序内容	简要说明
	M03 S900	主轴正转，转速为 900r/min
	G99	采用公制进给（mm/r）
	T0101	35°外圆车刀
	G00 X100 Z100	定位到安全位置
	G00 X52 Z2	起刀点
	G71 U1 R0.5	G71 内（外）径粗车复合循环
	G71 P1 Q2 U0.2 W0.1 F0.2	

（续）

程序号	O0002	广州数控 GSK980TDc 系统
程序段号	程序内容	简要说明
N1	G01 X18	外轮廓精加工轮廓编程
	Z0	
	X20 Z-1	
	Z-12	
	X26	
	X28.114 Z-30	
	X38	
	X40 Z-31	
	Z-44	
	X46	
	X48 Z-45	
	Z-58	
	X44 Z-60	
N2	Z-64	
	G00 X100 M05	停主轴，退刀至安全位置
	Z200	
	M00	暂停
	M03 S1400	主轴正转，转速为 1400r/min
	T0101	执行刀补
	G00 X 52 Z2	快速定位到起刀点
	G70 P1Q F0.14	G70 精车轮廓
	G00 X100	快速退到安全位置
	Z200 M05	程序结束
	M00	暂停
	T0202	换切断刀
	M03 S800	主轴正转，转速为 800r/min
	G00 X52 Z-47	切断零件（根据加工经验切至 X2 保护零件）
	G01 Z2 F0.06	
	G00 X100	快速退到安全位置
	Z200 Z05	主轴停止
	M30	程序结束

3）零件 2 内轮廓加工参考程序见表 3-29。

表 3-29　零件 2 内轮廓加工参考程序

程序号	O0003	广州数控 GSK980TDc 系统
程序段号	程序内容	简要说明
	M03 S900	主轴正转，转速为 900r/min
	G99	采用公制进给（mm/r）
	T0404	换 φ16mm 内孔车刀
	G00 X10 Z100	定位至安全位置
	G00 X16 Z2	起刀点
	G71 U1 R0.5	G71 内（外）径粗车复合循环
	G71 P1 Q2 U-0.2 W0.1 F0.2	
N1	G01 X40	利用内孔车刀控制零件总长
	G01 Z0	
	G01 X29	
	G01 X28 Z-0.5	
	G01 X26 Z-17	
	Z-22	
	X22	
	X20 Z-23	
N2	G01 Z-25	
	G00 Z200 M05	停主轴
	M00	暂停
	M03 S1200	主轴正转，转速为 1200r/min
	T0404	执行刀补
	G00 X16 Z2	快速定位到起刀点
	G70 P1 Q2 F0.14	G70 精车轮廓
	G00 Z200 M05	快速退到安全位置
	M30	程序结束

4）零件 1 端面加工参考程序见表 3-30。

表 3-30　零件 1 端面加工参考程序

程序号	O0004	广州数控 GSK980TDc 系统
程序段号	程序内容	简要说明
	M03 S900	主轴正转，转速为 900r/min
	G99	采用公制进给（mm/r）
	T0101	换 φ16mm 内孔车刀
	G00 X100 Z100	定位至安全位置
	G00 X52 Z2	起刀点

（续）

程序号	O0004	广州数控 GSK980TDc 系统
程序段号	程序内容	简要说明
	G71 U1 R0.5	G71 内（外）径粗车复合循环
	G71 P1 Q2 U0.2 W0.1 F0.2	
N1	G01 48	利用内孔车刀控制零件总长
	G01 Z0	端面走刀控制
N2	G01 X0	
	G00 Z200 M05	停主轴
	M00	暂停
	M03 S1400	主轴正转，转速为 1400r/min
	T0101	执行刀补
	G00 X52 Z2	快速定位到起刀点
	G70 P1 Q2 F0.14	G70 精车轮廓
	G00 Z200 M05	快速退到安全位置
	M30	程序结束

2. 配合后间距 $1^{+0.05}_{0}$ mm 控制技巧

1）粗车预留 0.2mm 余量，在 X 方向刀具磨损中输入 0.1mm（预留 0.1mm 加工余量）运行精加工程序。

2）试配用塞尺测量间距，如测量长度为 1.6mm，配合后间距还需减少 0.6mm。根据锥度公式 $C = (D - d)/L$ 计算得 $D-d = 0.07$mm，则此时 X 方向的余量为 0.07mm。

3）修改刀具 X 方向磨损值，再次运行精加工程序，加工至要求尺寸，如图 3-96 所示。

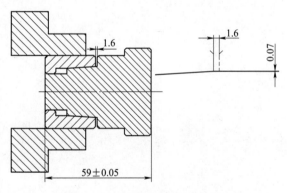

图 3-96 锥度配合精度控制余量计算

本章小结

本章是依据国家职业标准高级数控车工的要求，按照岗位培训需要的原则编写的。主要内容包括：数控车削加工工艺、广州数控 GSK980TDc 系统数控车床的编程与操作、数控车床典型零件加工。通过实例详细地介绍了数控车削加工工艺、程序编制技巧及具体操作。详细介绍了选刀、装刀、对刀方法与技巧，深度分析讲解零件精度分析和精度控制方法。

本章实例精讲有以下特点：

1）在外圆、凹槽编程加工时巧妙处理，避免加工倒角时在已加工表面产生毛边。

2）各个特征程序单独编写，便于了解、分析零件程序和控制零件精度。

3）共料配合件加工时，如何利用共料减少装夹次数和编程数量。

4）零件掉头后利用外圆、内孔加工程序控制零件总长。

5）锥度配合控制配合长度的方法。

4.1 左旋螺纹配合件加工实例

4.1.1 零件图和装配图

零件图如图 4-1 所示，装配图如图 4-2 所示。

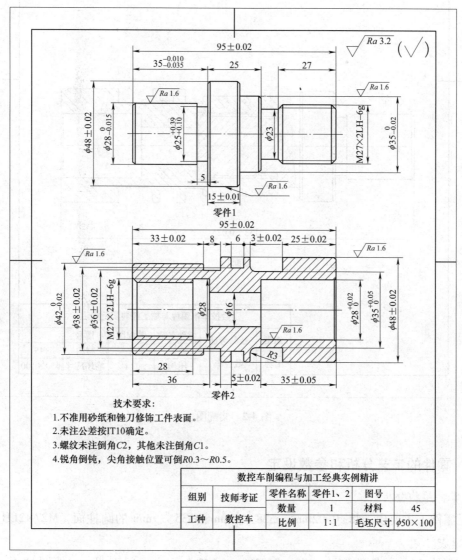

图 4-1 零件图

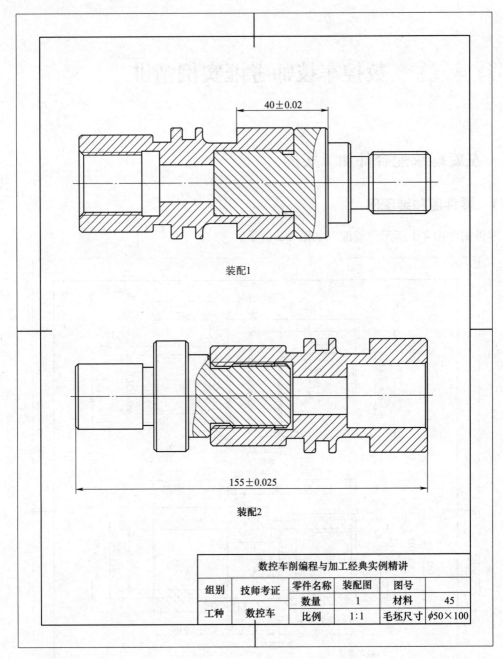

图 4-2 装配图

4.1.2 零件的工艺分析和参数设定

1. 零件结构分析

1）零件 1 主要由 $\phi48\pm0.02$mm、$\phi28_{-0.015}^{0}$mm、$\phi35_{-0.02}^{0}$mm 的圆柱面，M27×2LH-6g 左旋螺纹组成。

2）零件 2 主要外轮廓由 $\phi48\pm0.02$mm、$\phi42_{-0.02}^{0}$mm、$\phi35_{0}^{+0.05}$mm 外圆柱面，$\phi38\pm$

0.02mm 宽度为 6mm、$\phi36\pm0.02$mm 宽度为 8mm 的沟槽组成；内轮廓由 M27×2LH-6g 左旋螺纹、$\phi28^{+0.02}_{0}$mm 以及相关倒角表面组成。

3）装配 1 要求配合后长度为 40 ± 0.05mm，装配 2 要求螺纹旋合后配合总长为 155 ± 0.05mm。

4）整套零件尺寸标注符合数控加工实际尺寸标注要求，轮廓描述清晰完整，无热处理和硬度要求。

2. 技术要求分析

1）尺寸精度和形状精度为 IT7~IT9 级要求。

2）零件内外表面表面粗糙度全部要求为 $Ra1.6\mu m$，未标注粗糙度要求为 $Ra3.2\mu m$。

3. 加工工艺分析（工艺参数设定）

1）确定零件的装夹方式：工件加工时采用自定心卡盘装夹，根据加工需求留出加工长度。

2）零件加工工艺路线：毛坯尺寸为 $\phi50$mm×100mm，加工时需要调头完成加工。

3）工艺过程如下：

a）夹持毛坯外圆，伸出长度 60mm，加工零件 1。手动加工端面，粗、精车零件 1 左端 $\phi48\pm0.02$mm、$\phi28^{0}_{-0.015}$mm，如图 4-3 所示。

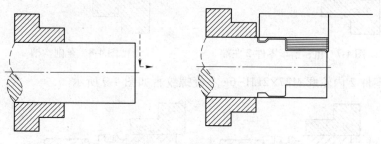

图 4-3　粗、精车零件 1 左端

b）调头夹持零件 1 的 $\phi28^{0}_{-0.015}$mm 外圆表面并校正零件，控制总长并粗、精加工零件 1 右端 $\phi35^{0}_{-0.02}$mm 的圆柱面至尺寸要求，如图 4-4 所示。

c）车 M27×2LH-6g 左旋螺纹，完成零件 1 加工，如图 4-5 所示。

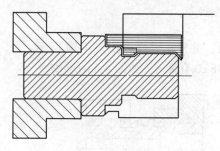

图 4-4　粗、精加工零件 1 右端

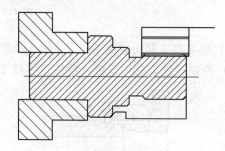

图 4-5　车左旋螺纹

d）夹持零件 2 毛坯，伸出长度 65mm。手动车端面、钻 $\phi16$mm 通孔，如图 4-6 所示。

e）加工零件 2 左端至长度 55mm 位置，粗、精车 $\phi48\pm0.02$mm、$\phi42^{0}_{-0.02}$mm，如图 4-7 所示。

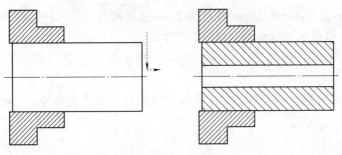

图 4-6 钻 ϕ16mm 通孔

f）加工零件 2 左端 $\phi38\pm0.02$mm 宽度为 6mm、$\phi36\pm0.02$mm 宽度为 8mm 的沟槽，如图 4-8 所示。

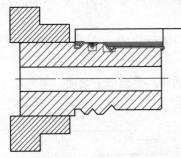 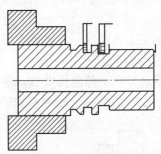

图 4-7 粗、精车零件 2 左端　　　　　图 4-8 车削沟槽

g）加工零件 2 内轮廓 M27×2LH−6g 左旋螺纹，如图 4-9 所示。

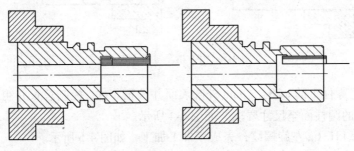

图 4-9 车内螺纹

h）将零件 2 调头装夹 $\phi42_{-0.02}^{0}$mm 已加工表面，并校正零件，如图 4-10 所示。

i）控制零件 2 总长，粗、精加工零件 2 的 $\phi48\pm0.02$mm，如图 4-11 所示。

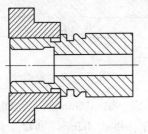 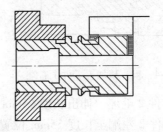

图 4-10 零件 2 调头装夹　　　　图 4-11 粗、精加工零件 2 外轮廓

j）粗、精加工零件 2 的 $\phi 28^{+0.02}_{0}$ mm 内轮廓，如图 4-12 所示。

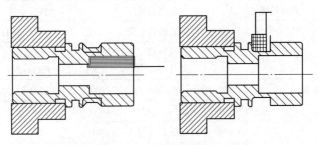

图 4-12 粗、精加工零件内轮廓

k）粗、精加工零件 2 的 $\phi 35^{+0.05}_{0}$ mm 沟槽，在精加工此处的同时控制装配 1 中 40 ± 0.05mm 尺寸精度，如图 4-13 所示。

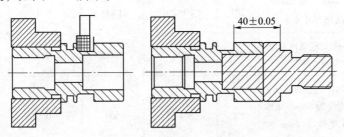

图 4-13 沟槽加工/修配

4. 零件加工工艺表

零件加工工艺表见表 4-1。

表 4-1 加工工艺表

工序号	程序编号	夹具名称	使用设备		数控系统	车间	
		自定心卡盘	卧式数控车床		FANUC 0i-TD	数控车削车间	
工步号	工步内容		刀具号	刀具规格 尺寸/mm	转速 n/(r/min)	进给量 f/(mm/r)	背吃刀量 a_p/mm	备注
1	车零件 1 左端面		T01	20×20	1200	0.2	1	手动
2	粗 车 $\phi 48 \pm 0.02$mm、 $\phi 28^{0}_{-0.015}$mm 留 0.2mm 余量		T01	20×20	900	0.2	1	
3	精 车 $\phi 48 \pm 0.02$mm、 $\phi 28^{0}_{-0.015}$mm 至要求		T01	20×20	1400	0.14	0.2	
4	零件调头找正							手动
5	粗车右端外圆留 0.2mm 余量		T01	20×20	900	0.2	1	
6	精车右端至尺寸要求并控制零件总长		T01	20×20	1400	0.14	0.2	
7	车 M27×2LH-6g 左旋外螺纹		T03	20×20	900		0.1	

（续）

工序号	程序编号	夹具名称	使用设备		数控系统	车间	
		自定心卡盘	卧式数控车床		FANUC 0i-TD	数控车削车间	
工步号	工步内容		刀具号	刀具规格 尺寸/mm	转速 n/(r/min)	进给量 f/(mm/r)	背吃刀量 a_p/mm	备注
8	车零件2端面		T01	20×20	1200	0.2	1	手动
9	钻中心孔		T05	B2.5 中心钻	1800		1.25	手动
10	钻通孔		T06	ϕ16mm 麻花钻	500		8	手动
11	粗车零件2左端ϕ48mm ±0.02mm、ϕ42$_{-0.02}^{0}$ mm 留0.2mm余量		T01	20×20	900	0.2	1	
12	精车 ϕ48±0.02mm、ϕ42$_{-0.02}^{0}$ mm 至尺寸要求		T01	20×20	1400	0.14	0.2	
13	粗车零件2左端内轮廓留0.2mm余量		T04	ϕ12	1000	0.15	1	
14	加工零件2左端ϕ38±0.02mm 宽度为6mm、ϕ36±0.02mm 宽度为8mm的沟槽		T02	20×20	800	0.06	2.5	
15	精车内轮廓至ϕ25$_{+0.10}^{+0.39}$mm		T04	ϕ12	1200	0.14	1	
16	车 M27×2LH-6g 左旋内螺纹		T07	ϕ16	900		0.1	
17	零件调头找正							
18	粗车零件2的ϕ48±0.02mm留0.2mm余量		T01	20×20	900	0.2	1	
19	精加工零件2的ϕ48±0.02mm至要求		T01	20×20	1400	0.14	0.2	
20	粗车零件2的ϕ35$_{0}^{+0.05}$mm 沟槽留0.2mm余量		T02	20×20	800	0.15	2.5	
21	精车零件2的ϕ35$_{0}^{+0.05}$mm 沟槽至尺寸要求		T02	20×20	800	0.06	0.1	
22	粗车零件2的ϕ28$_{0}^{+0.02}$mm 内轮廓留0.2mm余量		T04	ϕ12	1200	0.15	1	
23	精车零件2的ϕ28$_{0}^{+0.02}$mm 内轮廓至尺寸要求		T04	ϕ12	1400	0.15	0.2	
编制		审核		批准			共 页	

5. 工具、量具、刀具选择

1）零件加工工具清单见表4-2。

表 4-2　工具清单

工具清单					图号	
种类	序号	名称	规格	精度	单位	数量
工具	1	自定心卡盘			副	1
	2	卡盘扳手			把	1
	3	刀架扳手			把	1
	4	磁性表座			个	1
	5	垫片			片	若干
	6	活动顶尖			个	1
	7	钻夹头			套	1
	8	铜棒			根	1

2）零件加工量具清单见表 4-3。

表 4-3　量具清单

量具清单					图号	
种类	序号	名称	规格	精度	单位	数量
量具	1	外径千分尺	25~50mm	0.01mm	把	1
	2	内径千分尺	5~30mm	0.01mm	把	1
	3	游标卡尺	0~150mm	0.02mm	把	1
	4	深度千分尺	0~150mm	0.01mm	把	1
	5	粗糙度样板			套	1
	6	非旋转芯盘形千分尺	0~25mm	0.01mm	把	1
	7	叶片千分尺	25~50mm	0.01mm	把	1

3）零件加工刀具清单见表 4-4。

表 4-4　刀具清单

刀具清单				图号			
种类	序号	刀具号	刀具名称	数量	加工表面	刀尖半径/mm	刀尖方位
刀具	1	T01	35°外圆尖刀	1	外圆、端面	0.4	2
	2	T02	3mm 外槽刀	1	内孔	0.4	2
	3	T03	60°外螺纹车刀	1	外螺纹		
	4	T04	φ12mm 内孔车刀	1	内孔	0.2	2
	5	T05	B2.5 中心钻	1	中心孔		
	6	T06	φ16mm 麻花钻	1	钻孔		
	7	T07	φ16mm 内螺纹车刀	1	内螺纹		3

4.1.3　零件的编程

1. 零件参考程序

1）零件 1 左端外轮廓加工程序见表 4-5。

表 4-5　零件 1 左端外轮廓加工程序

程序号	OO0001	FANUC 0i-TD 系统
程序段号	程序内容	简要说明
	M03 S900	主轴正转，转速为 900r/min
	G99	采用公制进给（mm/r）
	T0101	选用外圆车刀
	G00 X100 Z100	定位至安全位置
	G00 X52 Z2	起刀点
	G71 U1 R0. 5	G71 内（外）径粗车复合循环
	G71 P1 Q2 U0. 2 W0. 1 F0. 2	
N1	G01 X26	
	G01 Z0	
	G01 X28 Z-1	
	G01 Z-35	
	G01 X46	轮廓精加工编程
	G01 X48 Z-36	
	G01 Z-49	
	G01 X44 Z-51	
N2	G01 Z-55	
	G00 X100 M05	停主轴
	Z200 M00	暂停
	M03 S1400	主轴正转，转速为 1400r/min
	T0101	执行刀补
	G00 X52 Z2	快速定位到起刀点
	G70 P1 Q2 F0. 14	G70 精车轮廓
	G00 X100 M05	快速退到安全位置
	Z100	
	M30	程序结束

2）零件 1 右端外轮廓加工程序见表 4-6。

表 4-6　零件 1 右端外轮廓加工程序

程序号	OO0002	FANUC 0i-TD 系统
程序段号	程序内容	简要说明
	M03 S900	主轴正转，转速为 900r/min
	G99	采用公制进给（mm/r）
	T0101	选用35°外圆尖刀刀具
	G00 X100 Z100	定位至安全位置
	G00 X52 Z2	起刀点

（续）

程序号	O0002	FANUC 0i-TD 系统
程序段号	程序内容	简要说明
	G71 U1 R0.5	G71 内（外）径粗车复合循环
	G71 P1 Q2 U0.2 W0.1 F0.2	
N1	G01 X22.8 Z0	
	X26.8 Z-2	
	Z-25	
	X23 Z-27	
	Z-35	轮廓精加工编程
	X33	
	X35 Z-36	
	Z-45	
N2	G01 X50	
	G00 X100 M05	停主轴
	Z200 M00	暂停
	M03 S1400	主轴正转，转速为1400r/min
	T0101	执行刀补
	G00 X52 Z2	快速定位到起刀点
	G70 P1 Q2 F0.14	G70 精车轮廓
	G00 X100 M05	快速退到安全位置
	Z100	
	M30	程序结束

3）零件 1 右端 M27×2LH-6g 左旋螺纹加工程序见表 4-7。

表 4-7　右端 M27×2LH-6g 左旋螺纹加工程序

程序号	O0003	FANUC 0i-TD 系统
程序段号	程序内容	简要说明
	M03 S900	主轴正转，转速为900r/min
	G98	采用公制进给（mm/min）
	T0303	选用60°外螺纹车刀刀具
	G00 X100 Z100	定位至安全位置
	G00 X28	起刀点
	Z-30	
	G92 X26.2 Z2 F2	G92 螺纹切削循环
	X25.6	
	X25.0	螺纹加工编程（注意：左旋螺纹加工应从左往右车削）
	X24.8	

（续）

程序号	OO0003		FANUC 0i-TD 系统
程序段号	程序内容		简要说明
	X24. 5		螺纹加工编程（注意：左旋螺纹加工应从左往右车削）
	X24. 4		
	G92 X24. 4 Z2F2		
	G00 X100 M05		停主轴
	Z200		定位至安全位置
	M30		程序结束

4）零件 2 左端外圆加工程序见表 4-8。

表 4-8 零件 2 左端外圆加工程序

程序号	OO0004		FANUC 0i-TD 系统
程序段号	程序内容		简要说明
	M03 S900		主轴正转，转速为 900r/min
	G99		采用公制进给（mm/r）
	T0101		选用 35°外圆尖刀
	G00 X100 Z100		定位至安全位置
	G00 X52 Z2		起刀点
	G71 U1 R0. 5		G71 内（外）径粗车复合循环
	G71 P1 Q2 U0. 2 W0. 1 F0. 2		
N1	G01 X40 Z0		轮廓精加工编程
	X42 Z-1		
	Z-33		
	X38 Z-35		
	X44 Z-40		
	X48 Z-42		
	Z-45		
	X44 Z-47		
	Z-50		
	X48 Z-52		
	Z-54		
N2	X44 Z-56		
	G00 X100 M05		停主轴
	Z200 M00		暂停
	M03 S1400		主轴正转，转速为 1400r/min
	T0101		执行刀补
	G00 X52 Z2		快速定位到起刀点

（续）

程序号	O0004		FANUC 0i-TD 系统
程序段号	程序内容		简要说明
	G70 P1 Q2 F0.14		G70 精车轮廓
	G00 X100 M05		快速退到安全位置
	Z100		
	M30		程序结束

5）零件2左端凹槽加工程序见表4-9。

表4-9　零件2左端凹槽加工程序

程序号	O0005		FANUC 0i-TD 系统
程序段号	程序内容		简要说明
	M03 S800		主轴正转，转速为800r/min
	G99		采用公制进给（mm/r）
	T0202		选用3mm外槽刀刀具
	G00 X100 Z100		定位至安全位置
	G00 X52 Z-36		
	G72 W2.5 R0.5		G71 内（外）径粗车复合循环
	G72 P1 Q2 U0.2 W0.2 F0.15		
N1	G01 Z-36		
	X36		
	Z-41		
	X48		轮廓精加工编程
	Z-48		
	X38		
	Z-52		
N2	X50		
	G00 X100 M05		停主轴
	Z200 M00		暂停
	M03 S800		主轴正转，转速为800r/min
	T0202		执行刀补
	G00 X52 Z-36		快速定位到起刀点
	G70 P1 Q2 F0.06		G70 精车轮廓
	G00 X100 M05		快速退到安全位置
	Z100		
	M30		程序结束

6）零件2左端内螺纹加工程序见表4-10。

表 4-10　零件 2 左端内螺纹加工程序

程序号	O0006	FANUC 0i-TD 系统
程序段号	程序内容	简要说明
	M03 S900	主轴正转，转速为 900r/min
	G99	采用公制进给（mm/r）
	T0404	选用 16mm 内孔车刀刀具
	G00 X100 Z200	定位至安全位置（内孔换刀点需远离零件）
	G00 X52 Z2	起刀点
	G71 U1 R0.5	G71 内（外）径粗车复合循环
	G71 P1 Q2 U-0.2 W0.2 F0.2	
N1	G01 X29	
	Z0	
	G01 X25 Z-2	轮廓精加工编程
	Z-28	
N2	Z-36	
	G00 Z200 M05	停主轴
	M00	暂停
	M03 S1400	主轴正转，转速为 1400r/min
	T0404	执行刀补
	G00 X52 Z2	快速定位到起刀点
	G70 P1 Q2 F0.14	G70 精车轮廓
	G00 Z200 M05	快速退到安全位置
	M00	程序结束
	T0303	换 φ16mm 内螺纹车刀
	M03 S900	主轴正转，转速为 900r/min
	G98	采用公制进给（mm/min）
	G00X24	快速定位到起刀点
	Z-29	快速定位到起刀点
	G92 X25.8 Z2 F2	
	X26.2	
	X26.6	G92 螺纹切削循环
	X26.8	螺纹加工编程（注意：左旋螺纹加工应从左往右车削）
	X27.0	
	G92 X27 Z2 F2	
	G00 Z200 M05	停主轴
	M30	定位至安全位置
		程序结束

7）零件 2 右端外圆加工程序见表 4-11。

表 4-11 零件 2 右端外圆加工程序

程序号	O0007	FANUC 0i-TD 系统
程序段号	程序内容	简要说明
	M03 S900	主轴正转，转速为 900r/min
	G99	采用公制进给（mm/r）
	T0101	选用 35°外圆尖刀刀具
	G00 X100 Z100	定位至安全位置
	G00 X52 Z2	
	G71 U1 R0.5	G71 内（外）径粗车复合循环
	G71 P1 Q2 U0.2 W0.1 F0.2	
N1	G01 X46	
	Z0	
	X48 Z-1	轮廓精加工编程
	Z-24	
N2	X44 Z-26	
	G00 X100 M05	停主轴
	Z200 M00	暂停
	M03 S1400	主轴正转，转速为 1400r/min
	T0101	执行刀补
	G00 X52 Z2	快速定位到起刀点
	G70 P1 Q2 F0.14	G70 精车轮廓
	G00 X100 M05	快速退到安全位置
	Z100	
	M30	程序结束

8）零件 2 右端凹槽加工程序见表 4-12。

表 4-12 零件 2 右端凹槽加工程序

程序号	O0008	FANUC 0i-TD 系统
程序段号	程序内容	简要说明
	M03 S800	主轴正转，转速为 1000r/min
	G99	采用公制进给（mm/r）
	T0202	选用 3mm 外槽刀刀具
	G00 X100 Z100	定位至安全位置
	G00 X52 Z2	
	G72 W2.5 R0.5	G72 端面粗车复合循环
	G72 P1 Q2 U0.2 W0.2 F0.15	
N1	G01 Z-28	轮廓精加工编程
	X35	

（续）

程序号	O0008		FANUC 0i-TD 系统
程序段号	程序内容		简要说明
	Z-37		轮廓精加工编程
	G03 X41 Z-40 R3		
N2	G01 X48		
	G00 X100 M05		停主轴
	Z200 M00		暂停
	M03 S800		主轴正转，转速为 800r/min
	T0202		执行刀补
	G00 X52 Z2		快速定位到起刀点
	G70 P1 Q2 F0.06		G70 精车轮廓
	G00 X100 M05		快速退到安全位置
	Z100		
	M30		程序结束

9）零件 2 右端内孔加工程序见表 4-13。

表 4-13　零件 2 右端内孔加工程序

程序号	O0009		FANUC 0i-TD 系统
程序段号	程序内容		简要说明
	M03 S900		主轴正转，转速为 900r/min
	G99		采用公制进给（mm/r）
	T0404		选用 ϕ16mm 内孔车刀刀具
	G00 X100 Z100		定位至安全位置
	G00 X16 Z2		
	G71 U1 R0.5		G71 内（外）径粗车复合循环
	G71 P1 Q2 U-0.2 W0.1 F0.2		
N1	G01 X29		轮廓精加工编程
	Z0		
	X28 Z-0.5		
	Z-35		
N2	G01 X20		
	G00 X16 M05		停主轴
	Z200 M00		暂停
	M03 S1200		主轴正转，转速为 1200r/min
	T0202		执行刀补
	G00 X16 Z2		快速定位到起刀点

（续）

程序号	O0009	FANUC 0i-TD 系统
程序段号	程序内容	简要说明
	G70 P1 Q2 F0. 14	G70 精车轮廓
	G00 X100 M05	快速退到安全位置
	Z100	
	M30	程序结束

2. 编程技巧与注意事项

1）确保换刀位置，进行换刀时不会与零件、机床尾座、顶尖等发生干涉。

2）因槽刀有宽度，在槽加工编程时需要计算刀宽，容易出错。槽侧面与外轮廓面位置的倒角或者倒钝可在轮廓加工处理，可以减小槽加工程序编制的难度和减小程序出错的概率，同时可以避免使用槽刀倒角或者倒钝处理在外轮廓已加工表面产生毛刺。

3）在精加工前程序加暂停、执行刀补主轴暂停，测量后计算实际超差值，修正磨损值后再运行程序。

4）左旋螺纹编程时应该注意起刀点位置。在数控车床加工左旋螺纹，走刀路线应从左往右（与普通螺纹加工方向相反）。

4.2　FANUC 0i-TD 数控车床基本操作

1. 认识控制面板

1）FANUC 0i-TD 控制面板如图 4-14 所示。

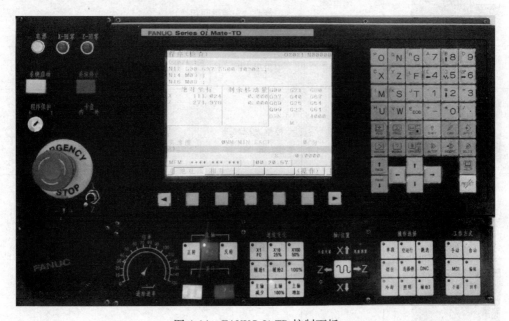

图 4-14　FANUC 0i-TD 控制面板

2）编辑键盘功能见表 4-14。

表 4-14 编辑键盘功能

键盘	名称	功能说明
	复位键	CNC 复位、进给、输出停止等
	地址键	地址输入 双地址键，按 键进行切换
	数字键、符号键	按 键可在两者间进行切换
	上档键	按键上地址、数字和符号之间的切换
	编辑键	编辑时程序、字段等的插入、修改、删除（为复合键，可在插入、修改、宏编辑间切换）
	分号键	编辑程序时，按 键进行换行
	方向键	控制光标移动
	翻页键	同一显示界面下页面的切换
	显示菜单	按菜单进入对应的界面

3）机床面板按键功能见表 4-15。

表 4-15　机床面板按键功能

按键	名称	功能说明
	循环启动键 进给保持键	程序运行启动 程序运行暂停
	进给倍率键	进给速度的调整
	主轴倍率键	主轴速度调整（转速模拟量控制方式有效）
	切削液开关键	切削液开/关
	主轴控制键	顺时针转、主轴停止、逆时针转
	快速开关	X 轴进给键 Z 轴进给键 Y 轴进给键
	手脉/单步增量选择与快速倍率选择	手脉每格移动 1/10/100/1000 * 最小当量 单步每步移动 1/10/100/1000 * 最小当量 快速倍率 F0、25%、50%、100%
	选择停	选择停有效时，执行 M01 暂停
	单段开关	程序单段运行/连续运行状态切换。单段有效时指示灯亮
	程序段跳选开关	程序段首标有"/"号的程序段是否跳过状态切换，程序段跳选开关打开时，跳段指示灯亮
	机床锁住开关	机床锁住时指示灯亮，进给轴输出无效

（续）

按键	名称	功能说明
	照明	
	空运行开关	空运行有效时指示灯亮，加工程序/MDI 代码段空运行
	自动方式选择键	进入自动操作方式
	机床回零方式选择键	进入机床回零操作方式 有绝对编码器电池的，不需回零
	手摇方式选择键	进入手轮操作方式
	手动方式选择键	进入手动操作方式
	MDI 模式	进入 MDI 操作
	编辑模式	进入编辑操作
	系统启动 系统停止	启动、停止系统
	程序保护锁	锁住后，不能编辑程序
	急停按钮	用于在紧急情况下停止机床运行
	X、Z	手摇时轴的选择
	手轮	手摇时用到

4）常用的显示界面：按 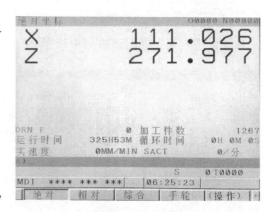 进入位置界面，如图4-15所示。

按 绝对 显示绝对坐标。

按 相对 显示相对坐标。

按 综合 显示综合坐标。

按 手轮 显示手轮操作界面。

按 进入程序界面，如图4-16所示。

按 程序 显示程序编辑界面，如图4-17所示。

图 4-15 位置界面

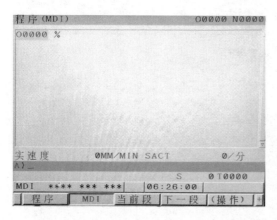

图 4-16 程序界面

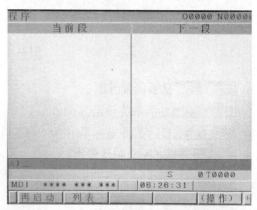

按 MDI 进入程序录入界面。

按 当前段 显示当前程序段。

按 下一段 显示下一段程序。

按 再启动 重新启动。

按 列表 显示程序目录。

按 BG编辑 进入后台编辑。

按 O检索 检索程序。

按 检索↓ 向下检索程序。

按 检索↑ 向上检索程序。

按 返回 返回上一个界面。

按 选择 选择要编辑的程序段。

按 全选择 全选所有程序段。

按 粘贴 粘贴所选程序段。

按 替换 替换所选程序字或程序段。

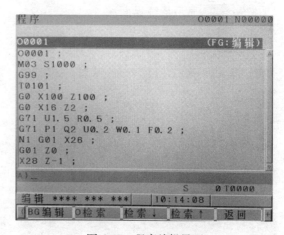

图 4-17 程序编辑界面

按 输入出 进入输入输出界面。

按 ⬚ 进入偏置界面，如图 4-18 所示。

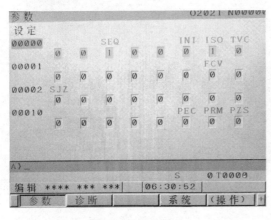 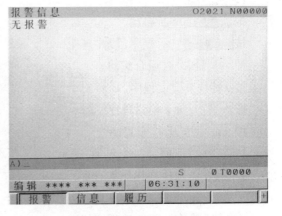

图 4-18　偏置界面

按 刀偏 显示偏置界面。

按 设定 显示系统设定界面。

按 坐标系 显示工件坐标系（G54～G59）。

按 宏变量 进入宏变量界面。

按 ⬚ 进入参数界面，如图 4-19 所示。

按 参数 显示参数界面。

按 诊断 显示诊断界面。

按 系统 显示系统界面。

按 ⬚ 进入报警信息界面，如图 4-20 所示。

图 4-19　参数界面　　　　图 4-20　报警信息界面

按 报警 显示报警信息。

按 信息 显示详细报警信息。

按 履历 显示历史报警。

按 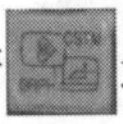 进入图形参数界面，如图 4-21 所示。

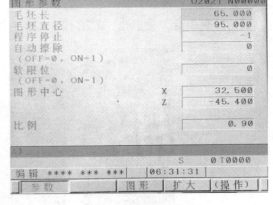

图 4-21 图形参数界面

按 参数 显示图形参数。

按 图形 显示图形。

按 扩大 放大图形。

2. 零件编程加工的操作步骤

1）调出程序：按 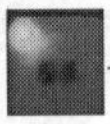 →输入 O0001→

按 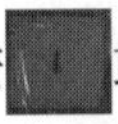 或  ，把已经编好的程序调出来。

2）图形模拟：按照图 4-21 设置好图形参数。

设置好图形参数后，按 图形 进入刀具路径图界面，如图 4-22 所示。

按 自动 →按 单段 →按 空运行 →按  循环启动，进行图形模拟，模拟出来的刀具路径图和要加工的工件的外轮廓一致，说明编程无误，如图 4-23 所示。

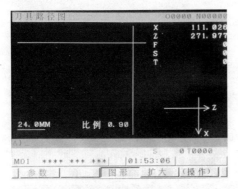

图 4-22 刀具路径图界面

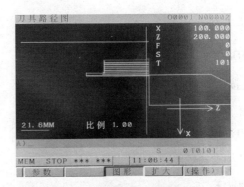

图 4-23 图形模拟界面

3）对刀：按  进入刀补界面，试切端面，Z 轴对刀，如图 4-24 所示。

输入 Z0→按 测量 ，机床自动计算偏置值，如图 4-25 所示。

图 4-24 试切端面

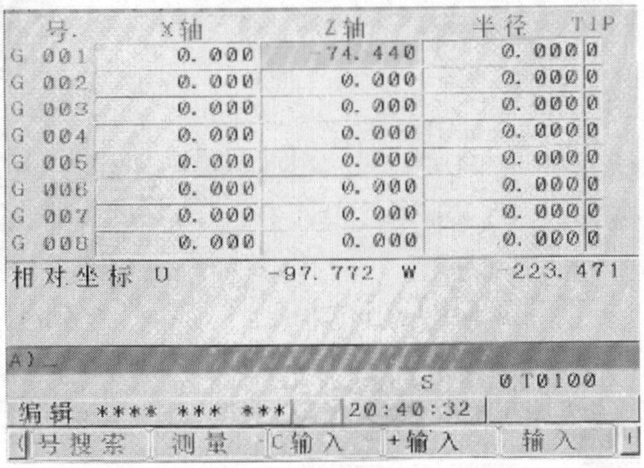

图 4-25 刀补界面

试切外圆，X 轴对刀。

试切外圆，沿 Z 轴退出，X 轴不动，停主轴，测量 X 方向直径值，如图 4-26 所示。

图 4-26　试切外圆

输入 X 测量值→按 测量 ，机床自动计算偏置值，写入刀补，如图 4-27 所示。

4）验刀，进入 MDI 方式，按 MDI 进入 MDI 界面，输入 T0101G0X0Z100，按 → 按 ○ 循环启动，运行程序，如图 4-28 所示，运行完程序，刀尖点在 X0Z100 的位置，用钢直尺检查，如图 4-29 所示。

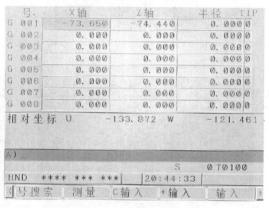

图 4-27　刀补界面

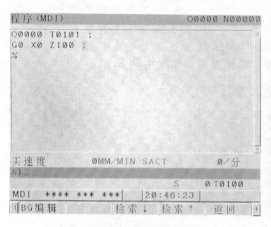

图 4-28　MDI 界面

图 4-29　验刀

5）自动加工：按 →输入 O0001→按 或 ，把编好的程序（见图 4-17）调出来。按 →按 →按 循环启动，运行到起刀点位置，确认无误后，取消单段，按循环启动，进行自动加工。

4.3　刀具补偿量的用法

1. 刀具位置补偿

在实际加工工件时，使用一把刀具一般不能满足工件的加工要求，通常要使用多把刀具进行加工。由于刀具的几何形状不同和刀具安装位置不同而产生的刀具位移，需要对刀具位置进行补偿，如图 4-30 所示。

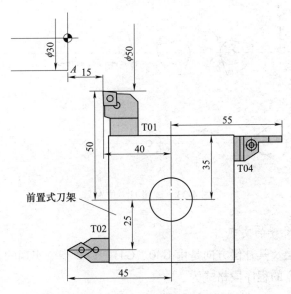

图 4-30　刀具位置补偿

2. 刀尖半径补偿

刀尖半径补偿的目的是解决刀尖圆弧可能引起的加工误差，如图 4-31 所示。

在车端面时，刀尖圆弧的实际切削点与理想刀尖点的 Z 坐标值相同；车外圆柱表面和内圆柱孔时，实际切削点与理想刀尖点的 X 坐标值相同。因此，车端面和内外圆柱表面时不需要对刀尖圆弧半径进行补偿。

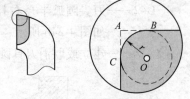

图 4-31　刀尖圆弧半径和理想刀尖点

如果加工轨迹与机床轴线不平行（斜线或圆弧时），则实际切削点与理想刀尖点之间在 X、Z 轴方向都存在位置偏差，如图 4-32 所示。以理想刀尖点编程的进给轨迹为图中轮廓线，圆弧刀尖的实际切削轨迹如图中斜线所示，会出现少切或过切现象，造成了加工误差。刀尖圆弧半径 R 越大，加工误差越大。

常见的刀尖圆弧半径为 0.2mm、0.4mm、0.8mm、1.2mm。

为使系统能正确计算出刀具中心的实际运动轨迹，除了要给出刀尖圆弧半径 R 以外，还要给出刀具的理想刀尖位置号。各种刀具的理想刀尖位置号如图 4-33 所示。

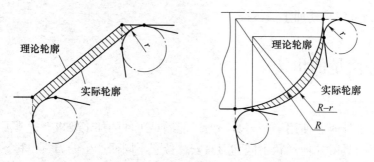

图 4-32　刀尖圆弧半径对加工精度的影响

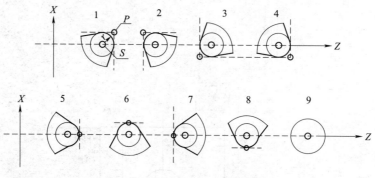

图 4-33　理想刀尖位置号

3. 刀尖圆弧半径补偿的实现

刀尖圆弧半径补偿及其补偿方向是由 G40、G41、G42 指令实现的。

刀尖半径补偿指令的程序段格式为：

G40（G41/G42）G01（G00）X Z F

式中　G40——取消刀尖圆弧半径补偿，也可用 T××00 取消刀补；

　　　G41——刀尖圆弧半径左补偿（左刀补），顺着刀具运动方向看，刀具在工件左侧，
　　　　　　如图 4-34a 所示；

　　　G42——刀尖圆弧半径右补偿（右刀补）。顺着刀具运动方向看，刀具在工件右侧，
　　　　　　如图 4-34b 所示；

　X、Z——建立或取消刀具圆弧半径补偿程序段中刀具移动的终点坐标。

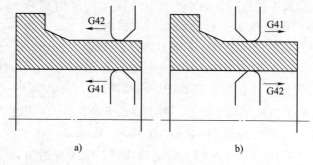

a)　　　　　　　　　　　　　　b)

图 4-34　刀具半径补偿

G40、G41、G42 指令不能与 G02、G03、G71、G72、G73、G76 指令出现在同一程序段。G01 程序段有倒角控制功能时也不能进行刀具补偿。在调用新刀具前，必须用 G40 取消刀补。

G40、G41、G42 指令为模态指令，G40 为缺省值。要改变刀尖半径补偿方向，必须先用 G40 指令解除原来的左刀补或右刀补状态，再用 G41 或 G42 指令重新设定，否则补偿会不正常。

当刀具磨损、重新刃磨或更换新刀具后，刀尖半径发生变化，这时只需在刀具偏置输入界面中改变刀具参数的 R 值，而不需修改已编好的加工程序。利用刀尖圆弧半径补偿，还可以用同一把刀尖半径为 R 的刀具按相同的编程轨迹分别进行粗、精加工。设精加工余量为 Δ，则粗加工的刀具半径补偿量为 $R+\Delta$，精加工的补偿量为 R。

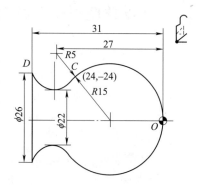

图 4-35　刀具半径补偿编程实例

例如，车削图 4-35 所示工件的程序如下：

程序清单：

O00001

T0101

M03 S400

G00 X40.0 Z2.0

G00 X0.0

G42 G01 Z0 F60 　（加刀补）

G03 X24.0 Z-24 R15

G02 X26.0 Z-31.0 R5

G40 G00 X30 　（取消刀补）

G00 X100 Z100

M30

粗加工前，刀尖半径补偿设置：刀补界面半径栏输入刀尖半径，刀补界面 TIP 栏输入位置号，如图 4-36a 所示。

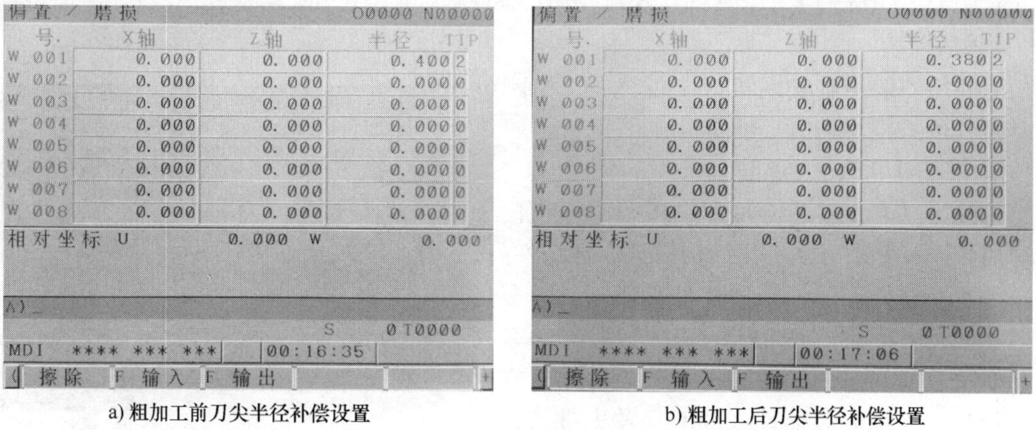

a) 粗加工前刀尖半径补偿设置　　　　b) 粗加工后刀尖半径补偿设置

图 4-36　刀尖半径补偿设置

粗加工后，刀尖半径补偿设置：由于加工过程存在误差，粗加工后，通过修改刀尖半径来进行误差补偿，从而保证工件的圆弧精度，如图 4-36b 所示。

这里刀补设定为 0.4mm 后，正常情况之下，第一次粗加工 R15 球面后理论值应该为 30.8mm，而实际测量值为 30.76mm，单侧偏小 0.02mm，则第二次加工时，设定刀补为 0.4mm−0.02mm＝0.38mm，以达到第二次加工到尺寸 30mm 的效果。

4.4 常见数控车床系统分析

国产普及型数控系统市场占有率不断提高，但在高档数控系统领域，国产数控系统与国外相比仍存在比较大的差距。以下是目前国内常见的数控车床系统：

1. 日本 FANUC 数控系统

日本 FANUC 数控系统如图 4-37 所示，其特点如下：

1）高可靠性的 PowerMate 0 系列用于控制 2 轴的小型车床，取代步进电动机的伺服系统；可配画面清晰、操作方便、中文显示的 CRT/MDI，也可配性价比高的 DPL/MDI。

2）普及型 CNC 0-D 系列：0-TD 用于车床，0-MD 用于铣床及小型加工中心，0-GCD 用于圆柱磨床，0-GSD 用于平面磨床，0-PD 用于冲床。

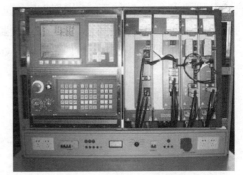

图 4-37　FANUC 数控系统

3）全功能型的 0-C 系列：0-TC 用于通用车床、自动车床，0-MC 用于铣床、钻床、加工中心，0-GCC 用于内、外圆磨床，0-GSC 用于平面磨床，0-TTC 用于双刀架 4 轴车床。

4）高性价比的 0i 系列整体软件功能包，可实现高速、高精度加工，并具有网络功能。0i-MB/MA 用于加工中心和铣床，4 轴 4 联动；0i-TB/TA 用于车床，4 轴 2 联动；0i-mate MA 用于铣床，3 轴 3 联动；0i-mate TA 用于车床，2 轴 2 联动。

5）具有网络功能的超小型、超薄型 CNC 16i/18i/21i 系列控制单元与 LCD 集成于一体，具有网络功能，可实现超高速串行数据通信。其中 FS 16i-MB 的插补、位置检测和伺服控制以 nm 为单位。16i 最大可控 8 轴，6 轴联动；18i 最大可控 6 轴，4 轴联动；21i 最大可控 4 轴，4 轴联动。

除此之外，还有实现机床个性化的 CNC 16/18/160/180 系列。

2. 德国西门子数控系统

德国西门子数控系统如图 4-38 所示。西门子公司的数控装置采用模块化结构设计，经济性好，在一种标准硬件上配置多种软件，使它具有多种工艺类型，可满足各种机床的需要，并成为系列产品。随着微电子技术的发展，大规模集成电路（LSI）、表面安装器件（SMC）及先进加工工艺越来越多地被采用，所以新的系统结构更为紧

图 4-38　西门子数控系统

凑,性能更强,价格更低。采用 SIMATICS 系列可编程控制器或集成式可编程控制器,用 STEP 编程语言,具有丰富的人机对话功能,可显示多种语言。

西门子公司 CNC 装置主要有 SINUMERIK 3/8/810/820/850/880/805/802/840 系列。

3. 日本三菱数控系统

三菱数控系统如图 4-39 所示。工业中常用的三菱数控系统有:M700V 系列、M70V 系列、M70 系列、M60S 系列、E68 系列、E60 系列、C6 系列、C64 系列、C70 系列。其中 M700V 系列属于高端产品,可实现高精度高质量加工,支持 5 轴联动,可加工复杂表面形状的工件。

图 4-39 三菱数控系统

4. 德国海德汉数控系统

德国海德汉数控系统如图 4-40 所示。海德汉的 iTNC 530 控制系统适合铣床、加工中心或需要优化刀具轨迹的加工过程,属于高端数控系统。该系统的数据处理速度比以前的 TNC 系列产品大大提高,所配备的"快速以太网"通信接口能以 100Mbit/s 的速率传输程序数据,新型程序编辑器具有大型程序编辑能力,可以快速插入和编辑信息程序段。

5. 日本 MAZAK 数控系统

山崎马扎克公司成立于 1919 年,主要生产 CNC 车床、复合车铣加工中心、立式加工中心、卧式加工中心、CNC 激光加工系统、柔性生产系统、CAD/CAM 系统、CNC 装置和生产支持软件等。MAZAK 数控系统如图 4-41 所示。

图 4-40 海德汉数控系统

图 4-41 MAZAK 数控系统

Mazatrol Fusion 640 数控系统在世界上首次使用了 CNC 和 PC 融合技术,实现了数控系统的网络化、智能化功能。数控系统直接接入互联网,即可享受公司提供的 24h 网上在线维修服务。

6. 华中数控系统

华中数控的数控装置有高、中、低三个档次的系列产品。华中 8 型系列属于高档数控系统新产品,已有数十台套与列入国家重大专项的高档数控机床配套应用;伺服驱动和主轴驱动装置性能指标达到国际先进水平。华中 8 型数控系统如图 4-42 所示。

图 4-42 华中 8 型数控系统

7. 广州数控系统

广州数控系统如图 4-43 所示。广州数控拥有车床数控系统、钻/铣床数控系统、加工中心数控系统、磨床数控系统等多领域的数控系统。其中，GSK27 系统采用多处理器实现纳米级控制，采用人性化人机交互界面，菜单可配置，根据人体工程学设计，更符合操作人员的加工习惯；采用开放式软件平台，可以轻松与第三方软件连接；高性能硬件支持最大 8 通道，64 轴控制。

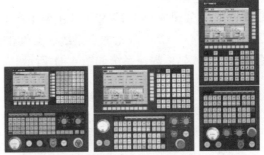

图 4-43 广州数控系统

4.5 其他技师考证实例要点快速掌握

4.5.1 内外锥度、椭圆配合件实例精讲

4.5.1.1 零件图和装配图

零件图和装配图如图 4-44、图 4-45 所示。

4.5.1.2 零件工艺分析和参数设定

1. 零件结构分析

1）零件 1 主要由 $\phi52_{-0.03}^{0}$ mm、$\phi35_{-0.025}^{0}$ mm 的圆柱面，M30×2-6g 螺纹，R20mm 圆弧面，长半轴 18mm、短半轴 8mm 的椭圆面，1：10 圆锥面及相关倒角组成。

2）零件 2 主要外轮廓由 $\phi52_{-0.03}^{0}$ mm 圆柱面，R20mm 圆弧面，长半轴 18mm、短半轴 8mm 的椭圆面构成。内轮廓由 1：10 圆锥面，ϕ25mm，$\phi35_{0}^{+0.039}$ mm 内圆柱面，M30×2-6H 内螺纹及相关倒角组成。

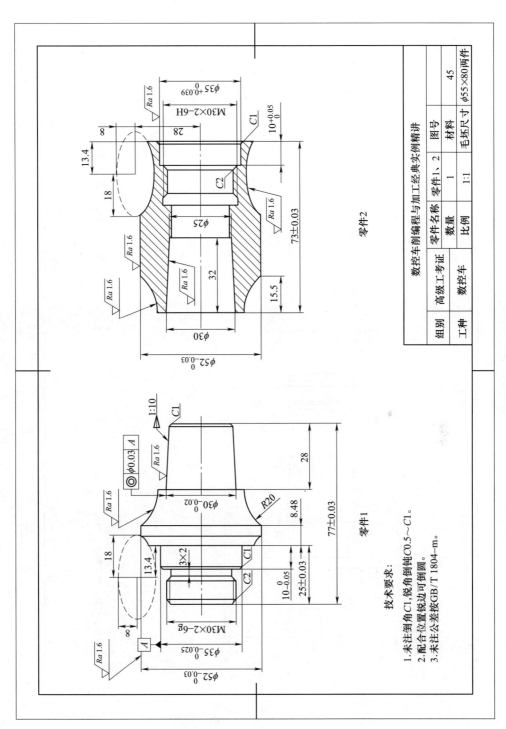

技术要求：
1. 未注倒角C1，锐角倒钝C0.5～C1。
2. 配合位置锐边可倒圆。
3. 未注公差按GB/T 1804—m。

零件1

零件2

数控车削编程与加工经典实例精讲		
高级工考证	零件名称	零件1、2	图号
数控车	数量	1	材料	45
	比例	1:1	毛坯尺寸 $\phi55\times80$两件
组别			
工种			

图4-44 内外锥度、椭圆配合零件图

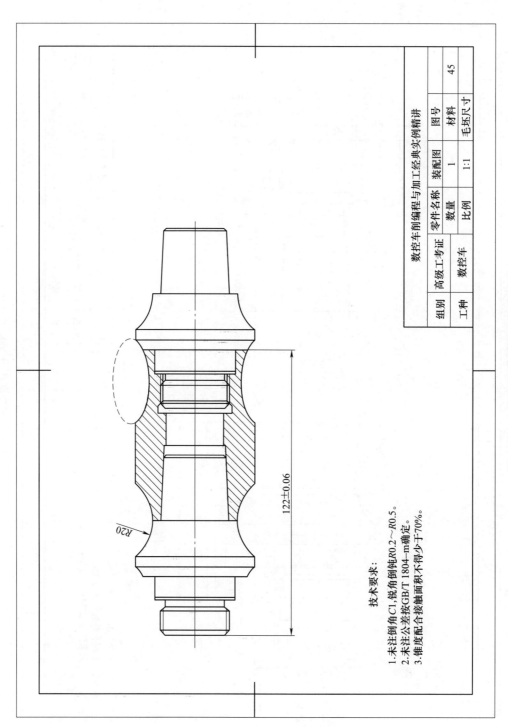

122±0.06

R20

技术要求:
1. 未注倒角C1,锐角倒钝R0.2～R0.5。
2. 未注公差按GB/T 1804—m确定。
3. 锥度配合接触面积不得少于70%。

图4-45 内外锥度、椭圆配合件装配图

		数控车削编程与加工经典实例精讲			
组别	高级工考证	零件名称	装配图	图号	
工种	数控车	数量	1	材料	45
		比例	1:1	毛坯尺寸	

3）整套零件尺寸标注符合数控加工实际尺寸标注要求，轮廓描述清晰完整，无热处理和硬度要求。

2. 技术要求分析

1）尺寸精度和形状精度为 IT6~IT9 级要求。

2）表面粗糙度：零件内外表面表面粗糙度全部要求为 $Ra1.6\mu m$，未标注粗糙度要求为 $Ra3.2\mu m$。

3）装配要求：配合后长度要求为 $122\pm0.06mm$，装配后要求 $R20mm$ 圆弧面，长半轴 18mm、短半轴 8mm 的椭圆面衔接完整，1：10 内外圆锥面配合接触部位不得小于 70%。

3. 加工工艺分析（工艺参数设定）

1）确定零件的装夹方式：工件加工时采用自定心卡盘装夹，根据加工需求留出加工长度。

2）零件加工工艺路线：毛坯尺寸为 $\phi55mm\times80mm$，加工时需要调头完成加工。

3）零件结构复杂，坐标点计算困难，应采用 CAD/CAM 软件绘图辅助编程完成加工。

4）工艺过程如下：

a）加工零件1左端：夹持毛坯伸出长度65mm，车端面，粗、精车零件1左端 $\phi52_{-0.03}^{0}mm$、$\phi35_{-0.025}^{0}mm$ 外圆柱面，M30×2-6g 螺纹，长半轴 18mm、短半轴 8mm 的椭圆面，粗车 $R20mm$ 圆弧面（此处不精加工），如图 4-46 所示。

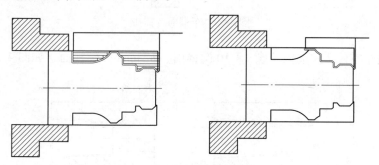

图 4-46　加工零件 1 左端

b）车 M30×2-6g 外螺纹，如图 4-47 所示。

c）调头装夹 $\phi35_{-0.025}^{0}mm$ 已加工表面并校正。加工零件 1 右端，如图 4-48 所示。

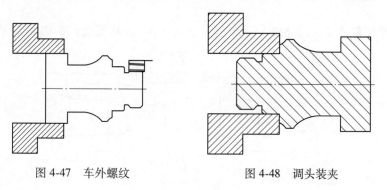

图 4-47　车外螺纹　　　　　　图 4-48　调头装夹

d）粗、精车 1：10 圆锥面，精车 $R20mm$ 圆弧面并控制零件总长，完成零件 1 加工，如图 4-49 所示。

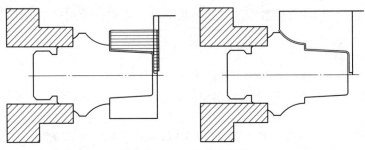

图 4-49　加工零件 1 右端

e）装夹零件 2 毛坯，伸出长度 55mm，车端面并钻 ϕ20mm 通孔，如图 4-50 所示。

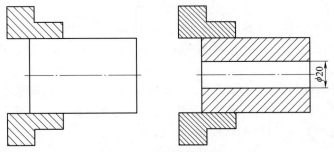

图 4-50　车端面、钻孔

f）粗、精车零件 2 左端内轮廓 1：10 圆锥面、ϕ25mm 内圆柱面，如图 4-51 所示。

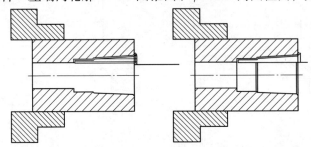

图 4-51　粗、精车内轮廓

注：精加工 1：10 内圆锥面，需用零件 1 试配检查配合精度。操作方法见第 3 章 3.4.2.2 节。

g）粗、精车零件 2 左端 $\phi52_{-0.03}^{0}$mm 圆柱面及 R20mm 圆弧面，如图 4-52 所示。

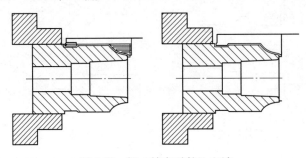

图 4-52　粗、精车零件 2 左端

在精车时注意控制工件尺寸，并用零件1试配保证 $R20$mm 圆弧面的完整，如图4-53所示。

h）粗、精车零件2的 $\phi25$mm，$\phi35_{0}^{+0.039}$ mm 内圆柱面并控制零件总长，如图4-54所示。

i）车 M30×2-6H 内螺纹，同时试配检测螺纹旋合精度，以及 $\phi35_{0}^{+0.039}$ 外圆柱面与 $\phi35_{-0.025}^{0}$mm 内圆柱面的配合，保证配合精度，如图4-55所示。

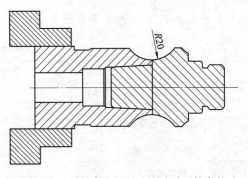

图 4-53　试配保证 $R20$mm 圆弧面的完整

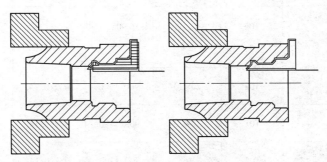

图 4-54　粗、精车零件2内孔

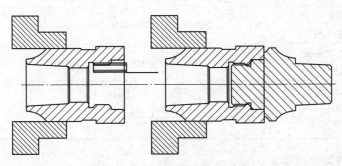

图 4-55　车内螺纹并试配

j）粗、精车长半轴18mm、短半轴8mm的椭圆面，注意精加工时试配确保椭圆面配合后完整，如图4-56所示。

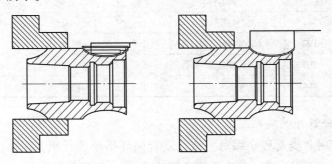

图 4-56　粗、精车椭圆面并试配

4. 零件加工工艺表（根据工艺分析完成加工工艺表，见表4-16）

表4-16　加工工艺表

工序号	程序编号	夹具名称	使用设备		数控系统	车间	
		自定心卡盘	卧式数控车床		FANUC 0i-TD	数控车削车间	
工步号	工步内容	刀具号	刀具规格尺寸/mm	转速 n/(r/min)	进给量 f/(mm/r)	背吃刀量 a_p/mm	备注
1	车零件1左端面	T01	20×20	1200	0.2	1	手动
2	粗/精车零件1左端外轮廓	T01	20×20	900/1400	0.2/0.14	1/0.2	
3	车零件1左端M30×2外螺纹	T02		900		0.4	
4	零件调头装夹						
5	粗/精车零件1右端外轮廓并控总长	T01	20×20	900/1400	0.2/0.14	1/0.2	
6	粗/精车零件2左端外轮廓	T01	20×20	900/1400	0.2/0.14	1/0.2	
7	粗/精车零件2左端内轮廓	T04	16	900/1200	0.2/0.14	1/0.2	
8	零件调头装夹						
9	粗/精车零件2右端外轮廓并控总长	T01	20×20	900/1400	0.2/0.14	1/0.2	
10	粗/精车零件2右端内轮廓及螺纹底孔	T04	16	900/1200	0.2/0.14	1/0.2	
11	车零件2的M30×2内螺纹	T03	16	900		0.2	
编制		审核	批准			共　页	

5. 零件加工刀具表（见表4-17）

表4-17　加工刀具表

种类	刀具清单			图号			
	序号	刀具号	刀具名称	数量	加工表面	刀尖半径/mm	刀尖方位
刀具	1	T01	35°外圆车刀	1	外圆、端面	0.4	2
	2	T02	60°外螺纹车刀	1	外螺纹	0	3
	3	T03	60°内螺纹车刀	1	内螺纹	0	3
	4	T04	内孔车刀	1	内轮廓	0.4	2

4.5.1.3　零件程序的编制

本加工实例采用B类宏程序编写。结合复合循环指令进行粗、精加工。本节内容只讲解椭圆加工部分程序编制。椭圆的中心偏离工件原点一个 Z 向距离 $W=13.4$mm，以 Z 作为自变量，以 X 作为因变量。根据椭圆的方程即可以写出自变量 Z 与因变量 X 之间的关系表达式。那么，如果我们在 Z 向分段，以 0.1mm 为一个步距给 Z 赋值，就可以得到相应的 X 值。然后把所得各个点的坐标值用直线插补方式来逼近，就可以得到椭圆的近似轨迹。步距取得越小，所得的轨迹就越接近椭圆。加工编程如下：

椭圆标准方程：$\dfrac{x^2}{a^2}+\dfrac{y^2}{b^2}=1$（$a>b>0$，本实例中 $a=18$，$b=8$），坐标系转换为机床坐标系后可得出：$\dfrac{Z^2}{18^2}+\dfrac{X^2}{8^2}=1$。

1. 零件 1 椭圆部分加工程序（见表 4-18）

表 4-18　零件 1 椭圆部分加工程序

程序号	O0007	FANUC 0i-TD 系统
程序段号	程序内容	简要说明
	M03 S900	主轴正转，转速为 900r/min
	G99	采用公制进给（mm/r）
	T0101	选用 35° 外圆尖刀刀具
	G00 X100 Z100	定位至安全位置
	G00 X56 Z2	
	G73 U10 W0 R9	G73 封闭车削复合循环格式
	G73 P1 Q3 U0.2 W0.1 F0.2	
N1	G01 X26	轮廓精加工编程
	Z0	
	X30 Z-2	
	Z-10	
	X26 Z-12	
	Z-15	
	X34	
	X35 Z-15.5	
	Z-25	
	X45.317	
	#1=-15.628	椭圆起点 Z 值坐标
N2	#2=8∗SQRT[1-[#1∗#1]/324]	椭圆公式
	G01X[#2]Z[#1-13.4]	拟合成直线插补
	#1=#1-0.1	每次 Z 方向步进 0.1mm
	IF[#1GE-18]GOTO 2	Z 切削至 -18mm 则返回
N3	G01 X53Z-30	
	G00 X100 M05	停主轴
	Z200 M00	暂停
	M03 S1400	主轴正转，转速为 1400r/min
	T0101	执行刀补

（续）

程序号	00007		FANUC 0i-TD 系统
程序段号	程序内容		简要说明
	G00 X52 Z2		快速定位到起刀点
	G70 P1 Q3 F0.14		G70 精车轮廓
	G00 X100 M05		快速退到安全位置
	Z100		
	M30		程序结束

2. 零件 2 椭圆部分加工程序（见表 4-19）

表 4-19　零件 2 椭圆部分加工程序

程序号	00007	FANUC 0i-TD 系统
程序段号	程序内容	简要说明
	M03 S900	主轴正转，转速为 900r/min
	G99	采用公制进给（mm/r）
	T0101	选用 35° 外圆尖刀刀具
	G00 X100 Z100	定位至安全位置
	G00 X56 Z2	
	G73 U10 W0 R9	G73 封闭车削复合循环格式
	G73 P1 Q3 U0.2 W0.1 F0.2	
N1	G01 X45.317	轮廓精加工编程
	Z0	
	#1=13.4	椭圆起点 Z 值坐标
N2	#2=8*SQRT[1-[#1*#1]/324]	椭圆公式
	G01X[#2]Z[#1-13.4]	拟合成直线插补
	#1=#1-0.1	每次 Z 方向步进 0.1mm
	IF[#1GE-18]GOTO 2	Z 切削至 -18mm 则返回
N3	G01 X53Z-32	
	G00 X100 M05	停主轴
	Z200 M00	暂停
	M03 S1400	主轴正转，转速为 1400r/min
	T0101	执行刀补
	G00 X52 Z2	快速定位到起刀点
	G70 P1 Q3 F0.14	G70 精车轮廓
	G00 X100 M05	快速退到安全位置
	Z100	
	M30	程序结束

4.5.1.4　零件图形处理与精度控制技巧

1）圆弧面、椭圆面与圆柱面非相切连接。在加工时由于刀具和工件之间的挤压切削容易产生毛刺（翻边）现象，容易导致尺寸错误或影响配合精度，因此在绘图/编程时应在此类连接处做倒角处理，注意需符合零件技术要求，如图 4-57、图 4-58 所示。

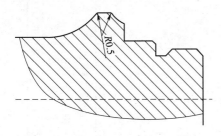

图 4-57　曲线与直线相交位置处理

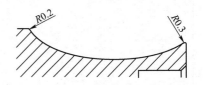

图 4-58　相交位置与配合位置的倒角处理

2）装配后要求圆弧面、椭圆面衔接完整性。在精加工时可多次测量和试配来确保零件的尺寸精度与配合精度。本节内容中有螺纹旋合，可采用装配后加工（配车）椭圆面；采用配车方式加工，对零件的加工精度和形位精度要求高，通常会因精度不足导致配车部分偏心，零件的精度和配合精度往往不如单个加工。

4.5.2　两件共料及左旋螺纹配合件实例精讲

4.5.2.1　零件图和装配图

1）零件图和装配图如图 4-59～图 4-61 所示。

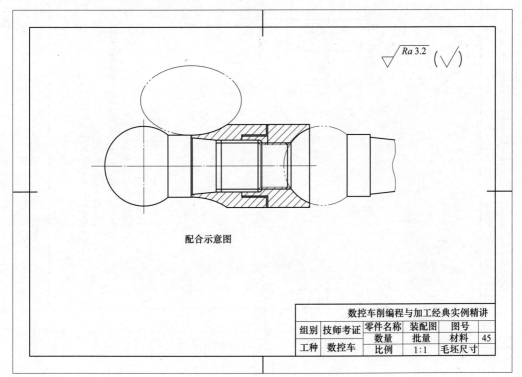

图 4-59　零件 1、2、3 的装配图

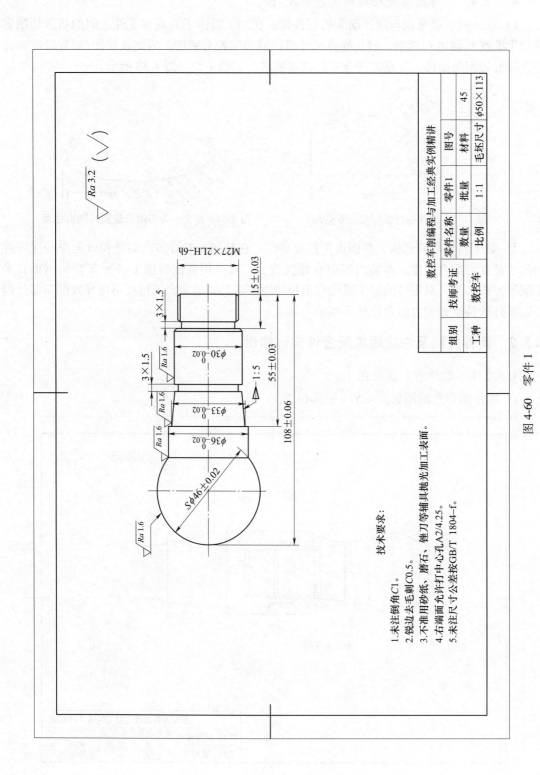

图 4-60 零件 1

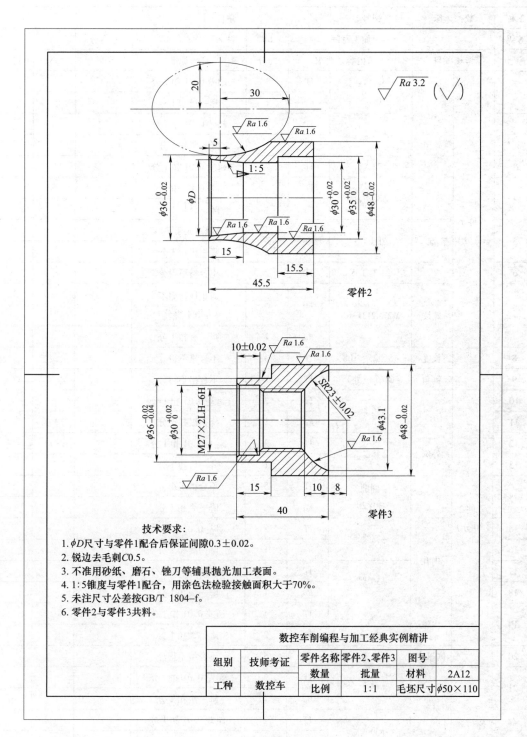

技术要求:
1. ϕD尺寸与零件1配合后保证间隙0.3 ± 0.02。
2. 锐边去毛刺$C0.5$。
3. 不准用砂纸、磨石、锉刀等辅具抛光加工表面。
4. 1:5锥度与零件1配合,用涂色法检验接触面积大于70%。
5. 未注尺寸公差按GB/T 1804-f。
6. 零件2与零件3共料。

数控车削编程与加工经典实例精讲				
组别	技师考证	零件名称	零件2、零件3	图号	
		数量	批量	材料	2A12
工种	数控车	比例	1:1	毛坯尺寸	$\phi50 \times 110$

图 4-61 零件 2、3

2) 评分表见表 4-20。

表 4-20　评分表

工种	数控车床	图号		单位			.	
等级		加工时间	6h	姓名		总得分		
序号	考核项目	考核内容及要求		配分	评分标准	检测结果	扣分	得分
1	零件1 (32分)	$S\phi46\pm0.02$	IT	3	超差0.01扣1分			
			Ra	1	降一级扣1分			
2		$\phi36_{-0.02}^{0}$	IT	2	超差0.01扣1分			
			Ra	1	降一级扣1分			
3		$\phi33_{-0.02}^{0}$	IT	2	超差0.01扣1分			
4		$\phi30_{-0.02}^{0}$	IT	2	超差0.01扣1分			
			Ra	1	降一级扣1分			
5		锥 锥1:5	IT	4	接触面大于70%			
			Ra	2	降一级扣1分			
6		槽 2~3×1.5	IT	2	不合格不得分			
7		螺纹 M27×2LH-6h	IT	5	通止规检测不合格不得分			
			Ra	2	降一级扣1分			
8		长度 15、25、108	IT	3	不合格不得分			
9		倒角 C1（三处）	IT	2	不合格不得分			
10	零件2 (30分)	$\phi36_{-0.02}^{0}$	IT	2	超差0.01扣1分			
11			Ra	1	降一级扣1分			
12		$\phi48_{-0.02}^{0}$	IT	2	超差0.01扣1分			
13			Ra	1	降一级扣1分			
14		椭圆 30×20	IT	5	不合格不得分			
			Ra	2	降一级扣1分			
15		$\phi35_{0}^{+0.02}$	IT	2	超差0.01扣1分			
16			Ra	1	降一级扣1分			
17		$\phi30_{0}^{+0.02}$	IT	2	超差0.01扣1分			
18			Ra	1	降一级扣1分			
19		内锥 1:5	IT	4	超差0.01扣1分			
			Ra	2	降一级扣1分			
20		同轴度 $\phi0.02$	IT	5	不合格不得分			
21	零件3 (24分)	$\phi48_{-0.02}^{0}$	IT	2	超差0.01扣1分			
			Ra	1	降一级扣1分			
22		$\phi36_{-0.04}^{-0.02}$	IT	2	超差0.01扣1分			
23			Ra	1	降一级扣1分			
24		$\phi30_{0}^{+0.02}$	IT	2	超差0.01扣1分			
			Ra	1	降一级扣1分			

（续）

序号	考核项目		考核内容及要求		配分	评分标准	检测结果	扣分	得分
25	零件3 （24分）	圆弧	SR23± 0.02	IT	3	超差0.01扣1分			
26				Ra	1	降一级扣1分			
27		内螺纹	M27×2LH-6H	IT	5	塞规检测不合格不得分			
28				Ra	2	降一级扣1分			
29		长度	10±0.02	IT	2	超差0.01扣1分			
30			15、40	IT	2	超差0.01扣1分			
31	配合 （16分）		螺纹配合	IT	5	不及格不得分			
32			锥度配合	IT	5	每减少10%扣2分			
33			球面配合	IT	4	超差0.01扣1分			
34	文明生产		按有关规定每违反一项从总分中扣3分，发生重大事故取消考试。扣分不超过10分						
35			①程序要完整，有自动换刀，连续加工（除端面外，不允许手动加工）。②加工中有违反数控工艺（如未按小批量生产条件编程等），视情况扣分。③扣分不超过10分						
36	程序编制		①一般按照GB/T 1804-m。②工件必须完整，考件局部无缺陷（夹伤等）。③扣分不超过5分						

4.5.2.2 零件工艺分析和参数设定

1. 零件结构分析

1）零件1主要由 $S\phi46\pm0.02$mm 球面，$\phi36_{-0.02}^{0}$mm、$\phi30_{-0.02}^{0}$mm 圆柱面，M27×2LH-6h 左旋螺纹，1:5圆锥面，3mm×1.5mm沟槽，螺纹退刀槽及相关倒角组成。

2）零件2主要外轮廓由 $\phi48_{-0.02}^{0}$mm 外圆柱面和长半轴30mm、短半轴20mm的椭圆面构成；内轮廓由1:5圆锥面，$\phi30_{0}^{+0.02}$mm、$\phi35_{0}^{+0.02}$mm 内圆柱面及相关倒角组成。

3）零件3主要外轮廓由 $\phi48_{-0.02}^{0}$mm、$\phi36_{-0.04}^{-0.02}$mm 外圆柱面构成；内轮廓由 $\phi30_{0}^{+0.02}$mm 内圆柱面、M27×2LH-6h 左旋螺纹、$SR23\pm0.02$ 球面及相关倒角组成。

4）零件2与零件3共料；整套零件尺寸标注符合数控加工实际尺寸标注要求，轮廓描述清晰完整，无热处理和硬度要求。

2. 技术要求分析

1）尺寸精度和形状精度为IT6~IT9级要求。

2）表面粗糙度：零件内外表面表面粗糙度全部要求为 $Ra1.6\mu m$，未标注粗糙度要求为 $Ra3.2\mu m$。

3）装配要求：螺纹配合、锥度配合、球面配合。

3. 加工工艺分析（工艺参数设定）

1）确定零件的装夹方式：工件加工时采用自定心卡盘装夹，根据加工需求留出加工长度。

2）零件加工工艺路线：毛坯尺寸为 $\phi50$mm×113mm，加工时需要调头完成加工。

3）零件结构复杂，坐标点计算困难，可应采用CAD/CAM软件绘图辅助编程。

4) 工艺过程如下：

a) 加工零件 1 右端：夹持毛坯伸出长度 70mm，车端面，粗、精车零件 1 右端外轮廓，如图 4-62 所示。

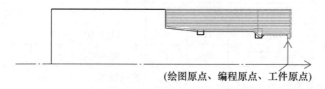

(绘图原点、编程原点、工件原点)

图 4-62　加工零件 1 右端

b) 切 3mm×1.5mm 沟槽及螺纹退刀槽，如图 4-63 所示。

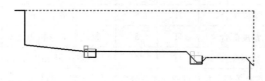

图 4-63　加工零件 1 沟槽及螺纹

c) 车 M27×2LH-6h 左旋螺纹，如图 4-64 所示。

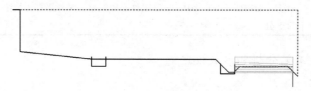

图 4-64　零件 1 右端左旋螺纹加工

d) 调头装夹 ϕ30mm 已加工表面并校正，车端面，定长 108±0.06mm，粗、精加工零件 1 左端，如图 4-65 所示。

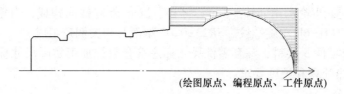

(绘图原点、编程原点、工件原点)

图 4-65　零件 1 左端加工

e) 装夹零件 2、3 毛坯，毛坯尺寸为 ϕ50×98mm，伸出长度 75mm，车端面并钻 ϕ20mm 通孔，如图 4-66 所示。

f) 粗、精车零件 3 右端外轮廓，如图 4-67 所示。

g) 粗、精车零件 3 右端内轮廓 $S\phi$46mm 球面，如图 4-68 所示。

h) 零件调头装夹（夹持零件 3 的 $\phi48_{-0.02}^{0}$mm 已加工表面并校正），粗、精车零件 2 外轮廓，如图 4-69 所示。

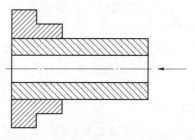

图 4-66　零件 2、3 车端面、钻孔加工

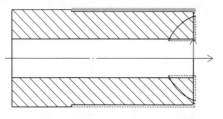

图 4-67 零件 3 粗、精车外轮廓

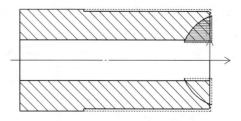

图 4-68 零件 3 粗、精车内球面

i) 粗、精车零件 2 右端 $\phi35^{+0.02}_{0}$mm 内孔，如图 4-70 所示。

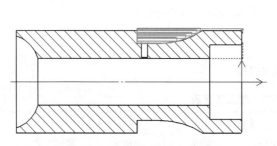

图 4-69 粗、精车零件 2 外轮廓

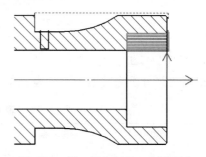

图 4-70 粗、精车零件 2 右端内孔

j) 切断、分离零件 2 和零件 3，如图 4-71 所示。

k) 粗、精车零件 3 左端面，定长 45.5mm，粗、精车外轮廓 $\phi36^{-0.02}_{-0.04}$mm，如图 4-72 所示。

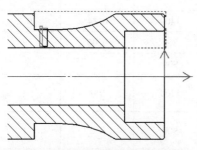

图 4-71 切断、分离零件 2 和零件 3

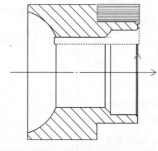

图 4-72 粗、精车零件 3 左端外轮廓

l) 粗、精车零件 3 左端内轮廓 $\phi30^{+0.033}_{0}$mm、M27×2 内螺纹底孔，如图 4-73 所示。

m) 车 M27×2LH-6h 内螺纹，同时试配检测螺纹旋合精度，如图 4-74 所示。

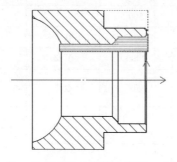

图 4-73 粗、精车零件 3 左端内轮廓、内螺纹底孔

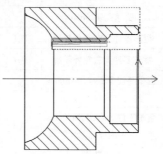

图 4-74 零件 3 内螺纹加工

n）粗、精车零件 2 左端内轮廓 1∶5 圆锥面、$\phi30^{+0.02}_{0}$ mm 内圆柱面并试配，如图 4-75 所示。

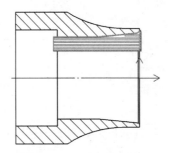

图 4-75　零件 2 左端内轮廓锥面及孔的加工

4. 零件加工工艺表

根据工艺分析完成加工工艺表，见表 4-21。

表 4-21　加工工艺表

工序号	程序编号	夹具名称	使用设备		数控系统	车间	
工步号	工步内容	刀具号	刀具规格尺寸/mm	转速 $n/(\text{r/min})$	进给量 $f/(\text{mm/r})$	背吃刀量 a_p/mm	备注
1	车端面	T01	20×20	1200	0.2	1	
2	粗车零件 1 外圆留 0.2mm 余量	T01		900	0.2	1	
3	精车外轮廓至尺寸	T01		1400	0.14	0.2	
4	粗、精切螺纹退刀槽	T02	20×20	800	0.06	2	
5	车 M27×2LH-6h 左旋螺纹	T03	20×20	900			
6	零件 1 调头装夹，车端面定长 108mm	T01	20×20	1200	0.2	1	
7	粗车零件 $S\phi46$mm 球面留 0.2mm 余量	T01		900	0.2	1	
8	精车零件 $S\phi46$mm 球面至尺寸要求	T01		1400	0.14	0.2	
9	装夹零件 2、3 毛坯，车端面	T01	20×20	1200	0.2	1	
10	钻通孔 $\phi20$mm		$\phi20$	500		10	
11	粗车零件 3 右端外轮廓	T01		900	0.2	1	
12	精车零件 3 右端外轮廓	T01		1400	0.14	0.2	
13	粗车零件 3 右端 $S\phi46$mm 内球面	T04	$\phi16$	900	0.2	1	
14	精车零件 3 右端 $S\phi46$mm 内球面	T04	$\phi16$	1200	0.14	0.2	
15	调头装夹						
16	粗车零件 2 外轮廓	T01		900	0.2	1	

（续）

工序号	程序编号	夹具名称	使用设备		数控系统	车间	
工步号	工步内容	刀具号	刀具规格尺寸/mm	转速 $n/(r/min)$	进给量 $f/(mm/r)$	背吃刀量 a_p/mm	备注
17	精车零件2外轮廓	T01		1400	0.14	0.2	
18	粗车零件2的$\phi35_0^{+0.02}$mm内轮廓	T04	$\phi16$	900	0.2	1	
19	精车零件2的$\phi35_0^{+0.02}$mm内轮廓	T04	$\phi16$	1200	0.14	0.2	
20	切断零件	T02	20×20	600	0.08	2	
21	粗、精车零件3左端面，定长40mm	T01		900	0.2		
22	粗车零件3左端外轮廓$\phi36_{-0.04}^{-0.02}$mm	T01		900	0.2	1	
23	精车零件3左端外轮廓$\phi36_{-0.04}^{-0.02}$mm	T01		1400	0.14	0.2	
24	粗车零件3左端内轮$\phi30_0^{+0.02}$mm、M27螺纹底孔	T04	$\phi16$	900	0.2	1	
25	精车零件3左端内轮$\phi30_0^{+0.02}$mm、M27螺纹底孔	T04	$\phi16$	1400	0.14	0.2	
26	车M27×2-6h左旋内螺纹	T05	$\phi16$	900			
27	粗、精车零件2左端面，定长45.5mm	T01		900	0.2		
28	粗车零件2内轮廓1：5圆锥面、$\phi30$mm	T04	$\phi16$	900	0.2	1	
29	精车零件2内轮廓1：5圆锥面、$\phi30$mm	T04	$\phi16$	1400	0.14	0.2	
编制		审核		批准		共 页	

5. 零件加工刀具清单

零件加工刀具清单见表4-22。

表4-22　刀具清单

刀具清单				图号			
种类	序号	刀具号	刀具名称	数量	加工表面	刀尖半径/mm	刀尖方位
刀具	1	T01	35°外圆车刀	1	外圆、端面	0.4	2
	2	T02	2mm外切槽刀	1	凹槽	0.2	2
	3	T03	60°外螺纹车刀	1	外螺纹	0	3
	4	T04	$\phi16$mm内孔车刀	1	内轮廓	0.4	2
	5	T05	$\phi16$mm内螺纹车刀	1	内螺纹	0	3

6. 程序编制

此套零件结构复杂，坐标点计算困难，应采用CAD/CAM软件绘图辅助编程完成加工，零件 1、2、3 具体绘图编程操作步骤参照第 5 章 CAXA 数控车编程实例内容。

4.5.3　其他技师/二级考证、学生竞赛实例

1. 零件图和装配图

零件图和装配图如图 4-76、图 4-77 所示。

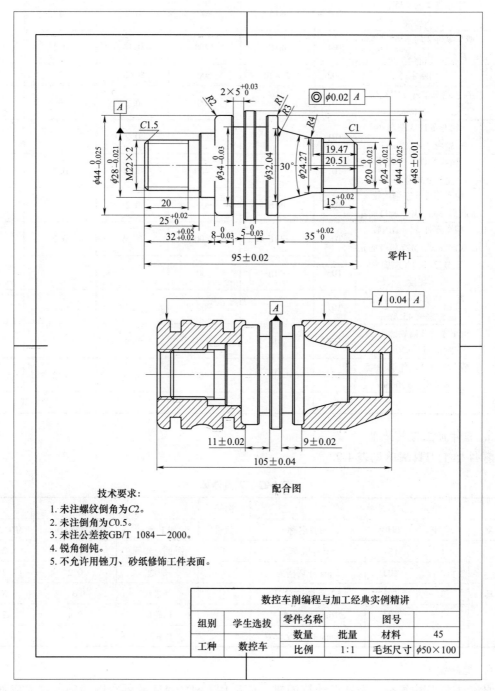

技术要求:

1. 未注螺纹倒角为 C2。
2. 未注倒角为 C0.5。
3. 未注公差按GB/T 1084—2000。
4. 锐角倒钝。
5. 不允许用锉刀、砂纸修饰工件表面。

数控车削编程与加工经典实例精讲				
组别	学生选拔	零件名称		图号	
		数量	批量	材料	45
工种	数控车	比例	1:1	毛坯尺寸	φ50×100

图 4-76　竞赛装配图

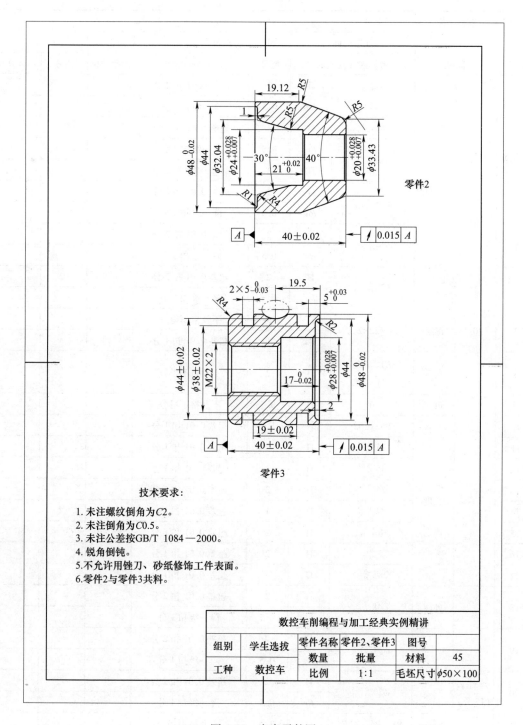

技术要求：

1. 未注螺纹倒角为C2。
2. 未注倒角为C0.5。
3. 未注公差按GB/T 1084—2000。
4. 锐角倒钝。
5. 不允许用锉刀、砂纸修饰工件表面。
6. 零件2与零件3共料。

数控车削编程与加工经典实例精讲				
组别	学生选拔	零件名称	零件2、零件3	图号	
		数量	批量	材料	45
工种	数控车	比例	1:1	毛坯尺寸	φ50×100

图 4-77 竞赛零件图

2. 评分表

评分表见表4-23。

表 4-23 评分表

工种	数控车床		图号		单位			
等级			加工时间	6h	姓名		总得分	
序号	考核项目		考核内容及要求		配分	评分标准	检测结果	扣分	得分

序号	考核项目		考核内容及要求		配分	评分标准	检测结果	扣分	得分
1	零件1 (40.5分)	外圆	$\phi48\pm0.01$	IT	2	超差 0.01 扣 2 分			
				Ra	0.5	降一级扣 1 分			
2			$2\times\phi44_{-0.025}^{0}$	IT	3	超差 0.01 扣 2 分			
				Ra	0.5	降一级扣 1 分			
3			$2\times\phi34_{-0.03}^{0}$	IT	3	超差 0.01 扣 2 分			
4			$\phi28_{-0.021}^{0}$	IT	2	超差 0.01 扣 2 分			
				Ra	0.5	降一级扣 1 分			
5			$\phi24_{-0.021}^{0}$	IT	2	超差 0.01 扣 2 分			
				Ra	0.5	降一级扣 1 分			
6			$\phi20_{-0.021}^{0}$	IT	2	超差 0.01 扣 2 分			
				Ra	0.5	降一级扣 1 分			
7		螺纹	M22×2	IT	3	不及格不得分			
				Ra	1	超差 0.01 扣 1 分			
8		圆弧	$R1$、$R2$、$R3$、$R4$	IT	2	不及格不得分			
9		角度	30°	IT	0.5	不及格不得分			
10		长度	95±0.02	IT	2.5	超差 0.01 扣 1 分			
11			$15_{0}^{+0.02}$	IT	2	超差 0.01 扣 1 分			
12			$35_{0}^{+0.02}$	IT	2	超差 0.01 扣 1 分			
13			$25_{0}^{+0.02}$	IT	2	超差 0.01 扣 1 分			
14			$32_{+0.02}^{+0.05}$	IT	1	超差 0.01 扣 1 分			
15			$8_{-0.03}^{0}$	IT	2	超差 0.01 扣 1 分			
16			$5_{-0.03}^{0}$	IT	2	超差 0.01 扣 1 分			
17			$2\times5_{0}^{+0.03}$	IT	4	超差 0.01 扣 1 分			
18	零件2 (15分)	外圆	$\phi48_{-0.02}^{0}$	IT	2	超差 0.01 扣 2 分			
				Ra	0.5	降一级扣 1 分			
19		内孔	$\phi24_{+0.007}^{+0.028}$	IT	2	超差 0.01 扣 2 分			
				Ra	0.5	降一级扣 1 分			
20			$\phi20_{+0.007}^{+0.028}$	IT	2	超差 0.01 扣 2 分			
				Ra	0.5	降一级扣 1 分			
21		圆弧	$R1$、$R4$、$3\times R5$	IT	2.5	不及格不得分			
22		角度	30°、40°	IT	1	不及格不得分			
23		长度	40±0.02	IT	2	超差 0.01 扣 1 分			
24			$21_{0}^{+0.02}$	IT	2	超差 0.01 扣 1 分			

（续）

工种	数控车床		图号			单位			
等级			加工时间		6h	姓名		总得分	
序号	考核项目		考核内容及要求		配分	评分标准	检测结果	扣分	得分
25	零件3 (26.5 分)	外圆	$\phi48_{-0.02}^{0}$	IT	2	超差0.01扣2分			
26			（4处）	Ra	0.5	降一级扣1分			
27			$\phi44\pm$ 0.02	IT	2	超差0.01扣2分			
28				Ra	0.5	降一级扣1分			
29			$\phi38\pm0.02$	IT	2	超差0.01扣2分			
30		内孔	$\phi28_{+0.007}^{+0.028}$	IT	2	超差0.01扣2分			
31				Ra	0.5	降一级扣1分			
32		椭圆	12×8	IT	2	不及格不得分			
33		圆弧	R2、R4	IT	1	不及格不得分			
34		螺纹	M22×2	IT	2	不及格不得分			
35				Ra	1	降一级扣1分			
36		长度	40±0.02	IT	2	超差0.01扣1分			
37			19±0.02	IT	2	超差0.01扣1分			
38			$17_{-0.02}^{0}$	IT	2	超差0.01扣1分			
39			$5_{0}^{+0.03}$	IT	2	超差0.01扣1分			
40			$2\times5_{-0.03}^{0}$	IT	3	超差0.01扣1分			
41	配合 (16分)		螺纹配合	IT	3	不及格不得分			
42			锥度配合	IT	3	每减少10%扣2分			
43			三件配合	IT	1	超差0.01扣1分			
44			配合长度11	IT	3	超差0.01扣1分			
45			配合长度9	IT	3	超差0.01扣1分			
46			配合长度105	IT	3	超差0.01扣1分			
47	其他		形位公差	4处	2	不及格不得分			
48	文明 生产		按有关规定每违反一项从总分中扣3分，发生重大事故取消考试。扣分不超过10分						
49			①程序要完整，有自动换刀，连续加工（除端面外，不允许手动加工）。②加工中有违反数控工艺（如未按小批量生产条件编程等），视情况扣分。③扣分不超过20分						
50	程序 编制		①一般按照GB/T 1804-m。②工件必须完整，考件局部无缺陷（夹伤等）。③扣分不超过10分						

记录员：　　　　监考员：　　　　检验员：　　　　考评人：

3. 加工工艺分析

1）确定零件的装夹方式：工件加工时采用自定心卡盘装夹，根据加工需求留出加工长度。

2）零件加工工艺路线：毛坯尺寸为$\phi50$mm×100mm，加工时需要调头完成加工，零件

2、零件 3 共料，需切断分离零件。

3）零件结构复杂，坐标点计算困难，可应采用 CAD/CAM 软件绘图辅助编程。

4）参考工艺：

a）夹持毛坯→车端面钻中心孔 B2.5 光毛坯外圆（装夹用）。

b）夹持已加工毛坯外圆伸出长度 60mm。

c）粗、精车零件 1 右端外轮廓。

d）粗、精切零件 1 凹槽。

e）零件调头：一顶一夹装夹；夹持零件 1 的 $\phi20_{-0.021}^{0}$ 外轮廓以加工表面。

f）粗、精车零件 1 左端外轮廓。

g）车零件 1 左端 M22×2 外螺纹，完成零件 1 加工。

h）夹持零件 2/3 毛坯，伸出长度 55mm。

i）钻 $\phi18$mm 通孔并车端面。

j）粗、精车零件 3 外轮廓。

k）粗、精切零件 3 凹槽。

l）调头装夹，夹持零件 3 外轮廓已加工表面伸出长度 50mm。

m）粗、精车零件 2 外轮廓。

n）切断分离零件 2、3。

o）粗、精车零件 3 内轮廓及内螺纹底孔并控制零件 3 总长。

p）车零件 3 的 M22×2 内螺纹并与零件 1 试配，完成零件 3 加工。

q）夹持零件 2 外圆 $\phi48_{-0.02}^{0}$ 已加工表面生出长度 10mm。

r）粗、精车零件 2 内轮廓及控制零件 2 总长，并与零件 1 试配；完成零件 2 加工。

4. 零件加工刀具清单

零件加工刀具清单（参考刀具）见表 4-24。

表 4-24　刀具清单

种类	序号	刀具号	刀具名称	数量	加工表面	刀尖半径/mm	刀尖方位
刀具	1	T01	35°外圆车刀	1	外圆、端面	0.4	2
	2	T02	3mm 外切槽刀	1	凹槽、切断	0.2	2
	3	T03	60°外螺纹车刀	1	外螺纹	0	3
	4	T04	$\phi16$ 内孔车刀	1	内轮廓	0.4	2
	5	T05	$\phi16$ 内螺纹车刀	1	内螺纹	0	3

本章小结

本章是依据国家职业标准技师/二级数控车工的要求，按照岗位培训需要的原则编写的。主要内容包括：数控车削加工工艺、FANUC 0i-TD 数控系统编程与操作、经典配合类零件的加工，详细讲解了 FANUC 车床一类宏指令加工椭圆编程。通过实例详细地介绍了数控车削加工工艺、程序编制及具体操作。

第5章 CAXA数控车自动编程

CAXA 数控车是在全新的数控加工平台上开发的数控车床加工编程和二维图形设计软件。CAXA 数控车具有 CAD 软件的强大绘图功能和完善的外部数据接口，可以绘制任意复杂的图形，可通过 DXF、IGES 等数据接口与其他系统交换数据。CAXA 数控车具有轨迹生成及通用后置处理功能。该软件提供了功能强大、使用简洁的轨迹生成手段，可按加工要求生成各种复杂图形的加工轨迹。通用的后置处理模块使 CAXA 数控车可以满足各种机床的代码格式，可输出 G 代码，并对生成的代码进行校验及加工仿真。

5.1 CAXA 数控车加工基本概念及设置

1. 熟悉数控车界面

CAXA 数控车的用户界面主要包括三个部分，即菜单条、工具栏和状态栏。

另外，需要特别说明的是 CAXA 数控车提供了立即菜单的交互方式，用来代替传统的逐级查找的问答式交互，使得交互过程更加直观和快捷。

CAXA 数控车的主界面如图 5-1 所示，更贴近用户，更简明易懂。

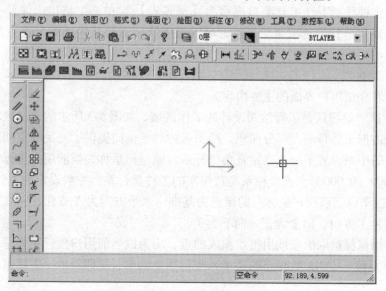

图 5-1　CAXA 数控车主界面

单击任意一个菜单项（例如设置），都会弹出一个子菜单。

移动鼠标到【绘制工具】工具栏，在弹出的当前绘制工具栏中单击任意一个按钮，系统通常会弹出一个立即菜单，并在状态栏显示相应的操作提示和执行命令状态，如图 5-2 所示。

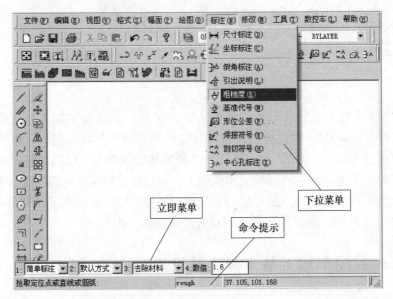

图 5-2　立即菜单（一）

在立即菜单环境下，用鼠标单击其中的某一项（例如【两点线】）或按【Alt+数字】组合键（例如【Alt+1】），会在其上方出现一个选项菜单或者改变该项的内容（见图 5-3 左下方）。

另外，在这种环境下（工具菜单提示为【屏幕点】）单击空格键，屏幕上会弹出一个被称为【工具点菜单】的选项菜单。读者可以根据作图需要从中选取特征点进行捕捉，如图 5-3 所示。

2. 用户界面说明

下面向读者介绍用户界面的主要内容。

（1）绘图区　绘图区是进行绘图设计的工作区域，如图 5-3 所示的空白区域。它位于屏幕的中心，并占据了屏幕的大部分面积。绘图区为显示全图提供了充足的空间。

在绘图区的中央设置了一个二维直角坐标系，该坐标系称为当前用户坐标系。它的坐标原点为（0.0000，0.0000）。该坐标系是数控车的工件坐标系，一般设定为工件的左端面。

CAXA 数控车以当前用户坐标系的原点为基准，水平方向为 X 方向，向右为正，向左为负；垂直方向为 Y 方向，向上为正，向下为负。

在绘图区用鼠标拾取的点或由键盘输入的点，均为以当前用户坐标系为基准。

（2）菜单系统　CAXA 数控车的菜单系统包括主菜单、立即菜单、工具菜单和弹出菜单四个部分。

1）主菜单：如图 5-3 所示，主菜单位于屏幕的顶部。它由一行菜单条及其子菜单组成，菜单条包括文件、编辑、视图、格式、幅面、绘制、标注、修改、工具、数控车和帮助等。每个部分都含有若干个下拉菜单。

2）立即菜单：立即菜单描述了该项命令执行的各种情况和使用条件。读者根据当前的

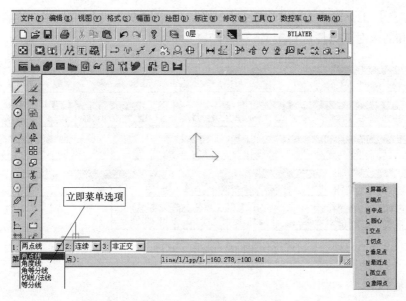

图 5-3 立即菜单（二）

作图要求，正确地选择某一选项，即可得到准确的响应。

3）工具菜单：包括工具点菜单、拾取元素菜单。

4）弹出菜单：CAXA 数控车弹出菜单是用来显示当前命令状态下的子命令，单击空格键弹出，不同的命令执行状态下可能有不同的子命令组，主要分为点工具组、矢量工具组、选择集拾取工具组、轮廓拾取工具组和岛拾取工具组。如果子命令是用来设置某种子状态的，CAXA 数控车将在状态条中提示用户。

（3）状态栏 CAXA 数控车提供了多种显示当前状态的功能，它包括屏幕状态显示、操作信息提示、当前工具点设置及拾取状态显示等。

1）当前点坐标显示区：当前点的坐标显示区位于屏幕底部状态栏的中部。当前点的坐标值随鼠标光标的移动动态变化。

2）操作信息提示区：操作信息提示区位于屏幕底部状态栏的左侧，用于提示当前命令执行情况或提醒用户输入。

3）工具菜单状态提示区：当前工具点设置及拾取状态提示区位于状态栏的右侧，自动提示当前点的性质以及拾取方式。例如，点可能为屏幕点、切点、端点等，拾取方式为添加状态、移出状态等。

4）点捕捉状态设置区：点捕捉状态设置区位于状态栏的最右侧，在此区域内设置点的捕捉状态，分别为自由、智能、导航和栅格。

5）命令与数据输入区：命令与数据输入区位于状态栏左侧，用于由键盘输入命令或数据。

6）命令提示区：命令提示区位于命令与数据输入区和操作信息提示区之间，显示目前执行功能的键盘输入命令的提示，便于用户快速掌握数控车的键盘命令。

（4）工具栏 在工具栏中，可以通过鼠标左键单击相应的功能按钮进行操作，系统默认工具栏包括【标准】工具栏、【属性工具】工具栏、【常用】工具条、【绘图工具】工具栏、【绘图工具Ⅱ】工具栏、【标注工具】工具栏、【图幅操作】工具栏、【设置工具】工具栏、【编辑工具】工具栏、【视图管理】工具栏、【数控车工具】工具栏。读者也可以根据自己的习惯和需求对工具栏进行定义，如图 5-4 所示。

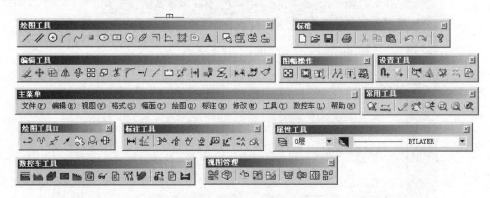

图 5-4　常用工具栏

3. 基本操作

（1）命令的执行　CAXA 数控车在执行命令的操作方法上，为用户设置了鼠标选择和键盘输入两种并行的输入方式，为不同程度的用户提供了操作上的方便。

鼠标选择方式主要适合初学者或已经习惯于使用鼠标的用户。所谓鼠标选择就是根据屏幕显示出来的状态或提示，去单击所需的菜单或者工具栏按钮。菜单或者工具栏按钮的名称与其功能相一致，单击菜单或者工具栏按钮就意味着执行了与其对应的键盘命令。由于菜单或者工具栏选择直观、方便，减少了背记命令的时间，因此很适合初学者采用。

键盘输入方式是由键盘直接键入命令或数据。它适合习惯键盘操作的用户。键盘输入要求操作者熟悉软件的各条命令以及它们相应的功能，否则将给输入带来困难。实践证明，键盘输入比菜单选择输入效率更高。希望初学者尽快掌握和熟悉它。

在操作提示为【命令】时，使用鼠标右键和键盘回车键可以重复执行上一条命令，命令结束后会自动退出该命令。

（2）点的输入　点是最基本的图形元素，点的输入是各种绘图操作的基础。因此，各种绘图软件都非常重视点的输入方式的设计，力求简单、迅速、准确。

CAXA 数控车也不例外，除了提供常用的键盘输入和鼠标点取输入方式外，还设置了若干种捕捉方式。例如：智能点的捕捉、工具点的捕捉等。

1）由键盘输入点的坐标：点在屏幕上的坐标有绝对坐标和相对坐标两种方式。它们在输入方法上是完全不同的，初学者必须正确地掌握它们。

绝对坐标的输入方法很简单，可直接通过键盘输入 X、Y 坐标，但 X、Y 坐标值之间必须用逗号隔开。例如：30，40，20，10 等。

相对坐标是指相对系统当前点的坐标，与坐标系原点无关。输入时，为了区分不同性质的坐标，CAXA 数控车对相对坐标的输入做了如下规定：输入相对坐标时必须在第一个数值前面加上一个符号@，以表示相对。例如：输入@60，84，它表示相对参考点来说，输入了一个 X 坐标为 60、Y 坐标为 84 的点。另外，相对坐标也可以用极坐标的方式表示。例如：@60<84 表示输入了一个相对当前点的极坐标。相对当前点的极坐标半径为 60mm，半径与 X 轴的逆时针夹角为 84°。

参考点的解释：参考点是系统自动设定的相对坐标的参考基准。它通常是最后一次操作点的位置。在当前命令的交互过程中，可以按【F4】键，专门确定希望的参考点。

2）用鼠标输入点的坐标：用鼠标输入点的坐标就是通过移动十字光标选择需要输入的点的位置。选中后单击鼠标左键，该点的坐标即被输入。鼠标输入的都是绝对坐标。用鼠标输入点时，应一边移动十字光标，一边观察屏幕底部的坐标显示数字的变化，以便尽快较准确地确定待输入点的位置。

鼠标输入方式与工具点捕捉配合使用可以准确地定位特征点，如端点、切点、垂足点等。用功能键【F6】可以进行捕捉方式的切换。

3）工具点的捕捉：工具点就是在作图过程中具有几何特征的点，如圆心点、切点、端点等。

所谓工具点捕捉就是使用鼠标捕捉工具点菜单中的某个特征点。工具点菜单的内容和方法在前面做了说明。

进入作图命令，需要输入特征点时，只要按下空格键，即在屏幕上弹出工具点菜单，见表 5-1。

表 5-1　特征点

屏幕点（S）	屏幕上的任意位置点
端点（E）	曲线的端点
中心（M）	曲线的中点
圆心（C）	圆或圆弧的圆心
交点（I）	两曲线的交点
切点（T）	曲线的切点
垂足点（P）	曲线的垂足点
最近点（N）	曲线上距离捕捉光标最近的点
孤立点（L）	屏幕上已存在的点
象限点（Q）	圆或圆弧的象限点

工具点的默认状态为屏幕点，读者在作图时拾取了其他的点状态，即在提示区右下角工具点状态栏中显示出当前工具点捕捉的状态。但这种点的捕获只一次有效，用完后立即自动回到【屏幕点】状态。

工具点捕获状态的改变，也可以不用工具点菜单的弹出与拾取，在输入点状态的提示下，读者可以直接按相应的键盘字符（如"E"代表端点、"C"代表圆心等）进行切换。

在使用工具点捕获时，捕捉框的大小可单击主菜单【设置】中的菜单项【拾取设置】（命令名 objectset），在弹出对话框【拾取设置】中预先设定。

当使用工具点捕获时，其他设定的捕获方式暂时被取消，这就是工具点捕获优先原则。如图 5-5 所示。

图 5-5 为用直线（line）命令绘制公切线，并利用工具点捕获进行作图，其操作顺序如下：

1）单击【直线】菜单项。

2）当系统提示【第一点】时，按空格键，在工具点菜单中选【切点】，拾取圆，捕获【切点】。

3）当系统提示【下一点】时，按空格键，在工具点菜单中选【切点】，拾取另一圆，捕获【切点】。

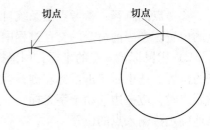

图 5-5　工具点

（3）选择（拾取）实体　绘图时所用的直线、圆弧、块或图符等，在交互软件中称为实体。每个实体都有其相对应的绘图命令。CAXA 数控车中的实体有下面一些类型：直线、圆或圆弧、点、椭圆、块、剖面线、尺寸等。

拾取实体，其目的就是根据作图的需要在已经画出的图形中，选取作图所需的某个或某几个实体。拾取实体的操作是经常要用到的操作，应当熟练地掌握它。已选中的实体集合，称为选择集。当交互操作处于拾取状态（工具菜单提示出现"添加状态"或"移出状态"）时，读者可通过操作拾取工具菜单来改变拾取的特征。

1）拾取所有：拾取所有就是拾取画面上所有的实体。但系统规定，在所有被拾取的实体中不应含有拾取设置中被过滤掉的实体或被关闭图层中的实体。

2）拾取添加：指定系统为拾取添加状态，此后拾取到的实体，将放到选择集中（拾取操作有两种状态："添加状态"和"移出状态"）。

3）取消所有：所谓取消所有，就是取消所有被拾取到的实体。

4）拾取取消：拾取取消的操作就是从拾取到的实体中取消某些实体。

5）取消尾项：执行本项操作可以取消最后拾取到的实体。

6）重复拾取：拾取上一次选择的实体。

上述几种拾取实体的操作，都是通过鼠标来完成的。也就是说，通过移动鼠标的十字光标，将其交叉点或靶区方框对准待选择的某个实体，然后单击鼠标左键，即可完成拾取操作。被拾取的实体呈加亮颜色显示（默认为红色），以示与其他实体的区别。在后面讲述具体操作时，出现的拾取实体，其含义和结果是等效的。

（4）右键直接操作功能

1）功能：本系统提供面向对象的功能，即读者可以先拾取操作的对象（实体），后选择命令，进行相应的操作。该功能主要适用于一些常用的命令操作，提高交互速度，尽量减少作图中的菜单操作，使界面更为友好。

2）操作步骤：在无命令执行状态下，用鼠标左键或窗口拾取实体，被选中的实体将变成加亮颜色（默认为红色），此时可单击任一被选中的元素，然后按下鼠标左键移动鼠标来随意拖动该元素。对于圆、直线等基本曲线还可以单击其控制点（图 5-6 中圆周上的点）来进行拉伸操作。进行了这些操作后，图形元素依然是被选中的，即依然是以拾取加亮颜色显示。系统认为被选中的实体为操作的对象，此时单击鼠标右键，则弹出相应的命令菜单，单击菜单项，则将对选中的实体进行操作。拾取不同的实体（或实体组），将会弹出不同的功能菜单，如图 5-6 所示。

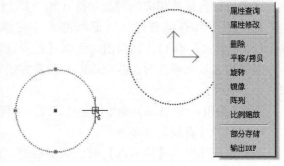

图 5-6　命令菜单

5.2 轮廓车

5.2.1 轮廓粗车

粗车加工实例如图 5-7 所示。

图 5-8 中，阴影部分为需去除的材料。

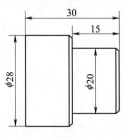

图 5-7 粗车加工实例

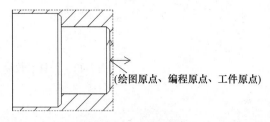

图 5-8 需去除的材料

生成轨迹时，只需画出由要加工出的外轮廓（实线）和毛坯轮廓（虚线）的上半部分组成的封闭区域（需切除部分）即可，其余线条不用画出，如图 5-9 所示。

填写参数表，加工参数、进退刀方式、刀具参数和几何参数设置分别如图 5-10~图 5-13 所示。轮廓粗车切削用量一般为：主轴转速 900~1000r/min，进刀量 0.2mm/r。

在几何参数中，拾取轮廓曲线可以利用曲线拾取工具

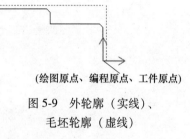

图 5-9 外轮廓（实线）、
毛坯轮廓（虚线）

菜单，单击空格键弹出工具菜单，如图 5-14 所示。工具菜单提供三种拾取方式：单个拾取、链拾取和限制链拾取。

图 5-10 加工参数设置

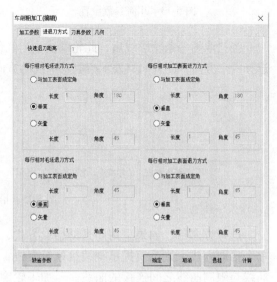

图 5-11 进退刀方式设置

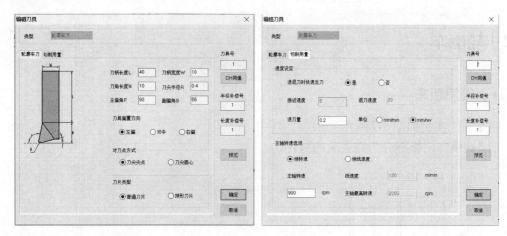

图 5-12　刀具参数设置

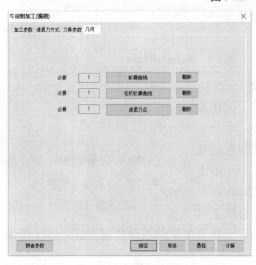

图 5-13　几何参数设置　　　　　　　　图 5-14　拾取方式

当拾取第一条轮廓线后，此轮廓线变为红色的虚线。系统给出提示：选择方向。要求读者选择一个方向，此方向只表示拾取轮廓线的方向，与刀具的加工方向无关，如图 5-15 所示。

(绘图原点、编程原点、工件原点)　　　　　　　(绘图原点、编程原点、工件原点)

图 5-15　拾取加工轮廓

选择方向后，如果采用的是链拾取方式，则系统自动拾取首尾连接的轮廓线；如果采用单个拾取方式，则系统提示继续拾取轮廓线；如果采用限制链拾取方式，则系统自动拾取该曲线与限制曲线之间连接的曲线。若加工轮廓与毛坯轮廓首尾相连，采用链拾取会将加工轮廓与毛坯轮廓混在一起，采用限制链拾取或单个拾取则可以将加工轮廓与毛坯轮廓区分开，如图 5-16 所示。拾取毛坯轮廓方法与拾取外轮廓类似。

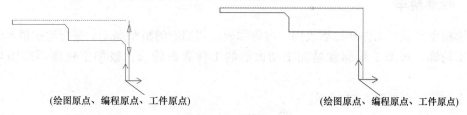

（绘图原点、编程原点、工件原点）　　　　（绘图原点、编程原点、工件原点）

图 5-16　拾取毛坯轮廓

指定一点为刀具加工前和加工后所在的位置，一般选取安全位置点，工件坐标（100，100），绘图坐标（100，50），如图 5-17 所示。确定进退刀点之后，系统生成刀具轨迹，如图 5-18 所示。

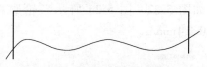

拾取进退刀点，或键盘输入点坐标：100,50

（绘图原点、编程原点、工件原点）

图 5-17　进退刀点　　　　　　　　　图 5-18　刀具轨迹

注意：加工轮廓与毛坯轮廓必须构成一个封闭区域，被加工轮廓和毛坯轮廓不能单独闭合或自相交。为便于采用链拾取方式，可以将加工轮廓与毛坯轮廓绘成相交，系统能自动求出其封闭区域，如图 5-19 所示。

图 5-19　自动求出封闭区域

在软件坐标系中，X 轴正方向代表机床的 Z 轴正方向，Y 轴正方向代表机床的 X 轴正方向。本软件用加工角度将软件的 XY 向转换成机床的 ZX 向，如切外轮廓，刀具由右到左运动，与机床的 Z 轴正方向成 180°，加工角度取 180°。切端面，刀具从上到下运动，与机床的 Z 轴正方向成 -90° 或 270°，加工角度取 -90° 或 270°，如图 5-20 所示。

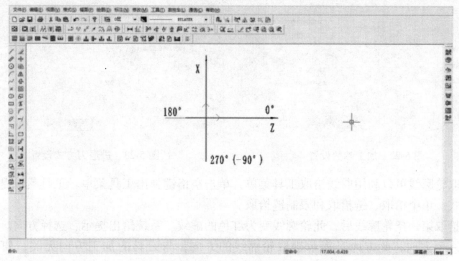

图 5-20　绘图坐标系与机床坐标系的关系

5.2.2 轮廓精车

　　轮廓精车实现对工件外轮廓表面、内轮廓表面和端面的精车加工。进行轮廓精车时要确定被加工轮廓，被加工轮廓就是加工结束后的工件表面轮廓，被加工轮廓不能闭合或自相交。

　　精车加工实例如图 5-21 所示。

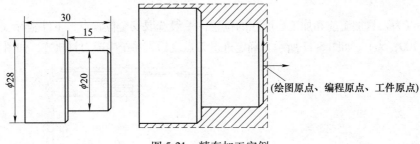

图 5-21　精车加工实例

　　生成轨迹时，只需画出要加工出的外轮廓的上半部分即可，其余线条不用画出。可参考粗车实例。填写参数表，加工参数、进退刀方式、刀具参数、几何参数设置分别如图 5-22 ~ 图 5-25 所示。轮廓精车切削用量一般为：主轴转速 1400r/min，进刀量 0.14mm/r。

图 5-22　加工参数设置

图 5-23　进退刀方式设置

　　拾取轮廓线可以利用曲线拾取工具菜单，单击空格键弹出工具菜单。工具菜单提供三种拾取方式：单个拾取、链拾取和限制链拾取。

　　当拾取第一条轮廓线后，此轮廓线变为红色的虚线。系统给出提示：选择方向。要求读者选择一个方向，此方向只表示拾取轮廓线的方向，与刀具的加工方向无关，如图 5-26 所示。

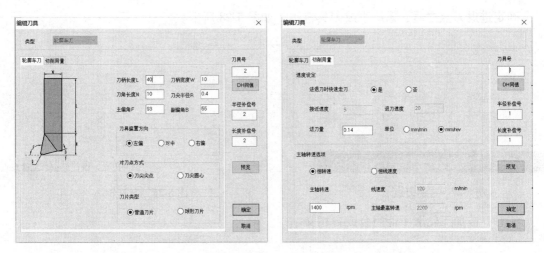

图 5-24　刀具参数设置

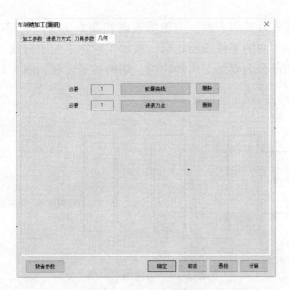

图 5-25　几何参数设置

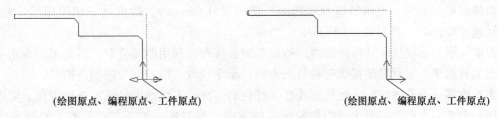

图 5-26　拾取加工轮廓线

选择方向后，如果采用的是链拾取方式，则系统自动拾取首尾连接的轮廓线；如果采用单个拾取方式，则系统提示继续拾取轮廓线。由于只需拾取一条轮廓线，采用链拾取的方法较为方便。

确定进退刀点，指定一点为刀具加工前和加工后所在的位置，如图 5-27 所示。

确定进退刀点之后，系统生成刀具轨迹，如图 5-28 所示。

拾取进退刀点，或键盘输入点坐标：100,50

图 5-27 进退刀点

图 5-28 刀具轨迹

（绘图原点、编程原点、工件原点）

注意：被加工轮廓不能闭合或自相交。

5.3 车槽

车槽功能用于在工件外轮廓表面、内轮廓表面和端面切槽。切槽时要确定被加工轮廓，被加工轮廓就是加工结束后的工件表面轮廓，被加工轮廓不能闭合或自相交。

其螺纹退刀槽凹槽部分为要加工出的轮廓，切槽加工实例如图 5-29 所示。

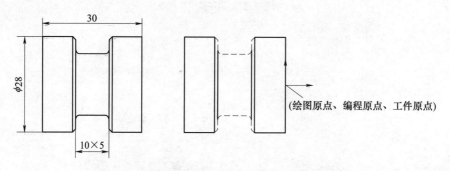

（绘图原点、编程原点、工件原点）

图 5-29 切槽加工实例

填写参数表，加工参数、刀具参数、几何参数设置分别如图 5-30 ~ 图 5-32 所示。切槽粗车切削用量一般为：主轴转速 600r/min，进刀量 0.08mm/r。切槽精车切削用量一般为：主轴转速 800r/min，进刀量 0.06mm/r。

拾取轮廓，系统提示选择轮廓线。拾取轮廓曲线可以利用曲线拾取工具菜单，单击空格键弹出工具菜单，工具菜单提供三种拾取方式：单个拾取、链拾取和限制链拾取。

当拾取第一条轮廓线后，此轮廓线变为红色的虚线。系统给出提示：选择方向。要求读者选择一个方向，此方向只表示拾取轮廓线的方向，与刀具的加工方向无关，如图 5-33 所示。选择方向后，如果采用的是链拾取方式，则系统自动拾取首尾连接的轮廓线；如果采用单个拾取方式，则系统提示继续拾取轮廓线。此处采用限制链选取，系统继续提示选取限制线，选取终止线段即凹槽的左边部分。

确定进退刀点，指定一点为刀具加工前和加工后所在的位置，如图 5-34 所示。

图 5-30　加工参数设置

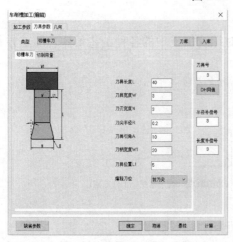
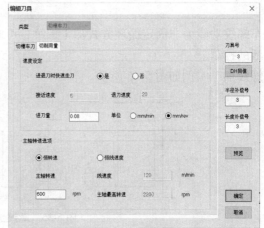

图 5-31　刀具参数设置

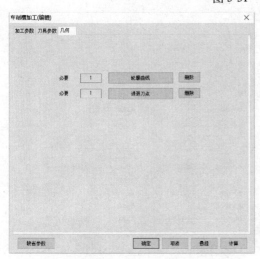

图 5-32　几何参数设置

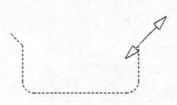

图 5-33　拾取轮廓线

确定进退刀点之后，系统生成刀具轨迹，如图 5-35 所示。

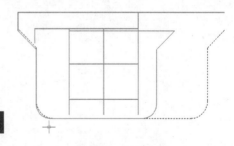

拾取进退刀点，或键盘输入点坐标: 100,50

图 5-34　进退刀点　　　　　　　　图 5-35　刀具轨迹

注意：被加工轮廓不能闭合或自相交。生成轨迹与切槽刀刀角半径、切削刀刃宽度等参数密切相关。可按实际需要只绘出槽的上半部分。

5.4　车螺纹

车螺纹功能为非固定循环方式加工螺纹，可对螺纹加工中的各种工艺条件、加工方式进行灵活的控制。

螺纹加工实例如图 5-36 所示。

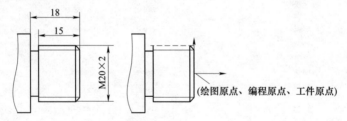

(绘图原点、编程原点、工件原点)

图 5-36　螺纹加工实例

填写参数表，螺纹参数、加工参数、进退刀方式、刀具参数设置分别如图 5-37～图 5-40 所示。螺纹粗、精车的主轴转速一般为 900r/min。

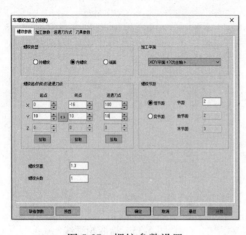

图 5-37　螺纹参数设置　　　　　　　　图 5-38　加工参数设置

图 5-39　进退刀方式设置

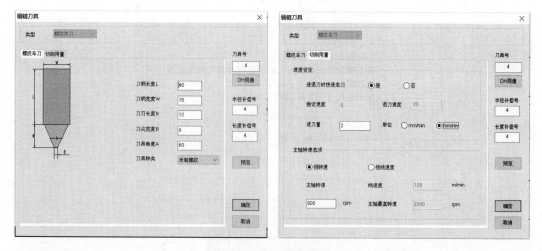

图 5-40　刀具参数设置

生成的刀具轨迹如图 5-41 所示。

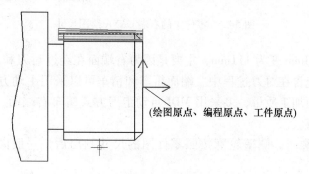

（绘图原点、编程原点、工件原点）

图 5-41　刀具轨迹

5.5 综合件编程实例

1. 用 CAXA 编程实现图 5-42 所示零件

1）根据零件图，选用毛坯尺寸为 ϕ50mm ×113mm 的棒料，绘制零件右端粗、精车轮廓和切槽轮廓，如图 5-43 所示。

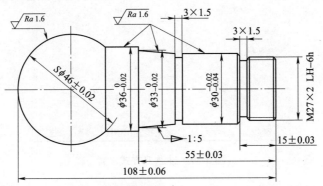

技术要求：

1. 未注倒角C1。
2. 锐边去毛刺C0.5。
3. 不准用砂纸、磨石、锉刀等辅具抛光加工表面。
4. 右端面允许打中心孔A2/4.25。
5. 未注尺寸公差按GB/T 1804-f。

图 5-42 零件 1

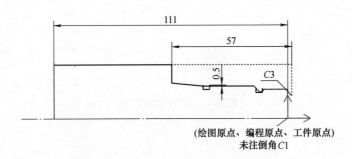

(绘图原点、编程原点、工件原点)
未注倒角C1

图 5-43 零件 1 的右端 CAXA 绘图尺寸

注意：尺寸 113mm 变为 111mm，主要是因为右端面在经过对刀和加工后切削了 2mm，端面的粗车和精车包含在对刀过程中。端面粗车和精车可以采用手动方式和 MDI 自动走刀方式。为了保证端面加工质量，多采用 MDI 自动走刀方式精车右端面，设定精车后的端面为工件坐标系的原点。

① 绘制槽的轮廓时，侧壁轮廓按照零件图的尺寸画出后，一般向外延伸 0.5mm，如图 5-44所示。

② 一般以工件前端面的中心点为编程原点和工件原点，所以我们绘图时工件前端面中

心点要与软件绘图原点重合。

③ 绘制轮廓时，只需要绘制上半部分，绘制完成后，通过标注检查所绘制轮廓尺寸是否正确。

2）设置轮廓粗车参数表。在"加工参数"页面，设定加工精度：0.1mm，加工角度：180°，切削行距：1.2mm，径向余量：0.2mm，轴向余量：0.1mm，其余默认，如图 5-45 所示。在"进退刀方式"页面，进刀方式：垂直，退刀方式：垂

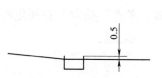

图 5-44 零件右端粗、精车轮廓和切槽轮廓

直，如图 5-46 所示。在"刀具参数"页面，设定主偏角 93°，副偏角 55°，刀尖半径 0.4mm，设定刀具号为 1，主轴转速 900r/min，进刀量 0.2mm/r，其余默认，如图 5-47 所示。在"几何"页面，如图 5-48a 所示，点选轮廓曲线，通过限制链方式选取加工轮廓，点选毛坯轮廓曲线，通过限制链方式选取毛坯轮廓，如图 5-49 所示。点选进退刀点，选取进退刀

图 5-45 加工参数

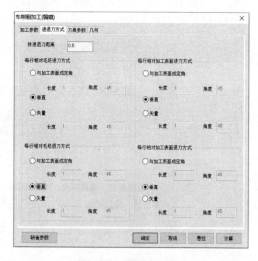

图 5-46 进退刀方式

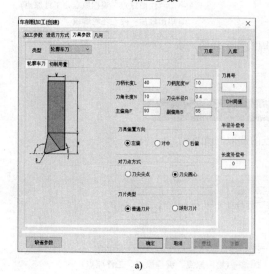

a)

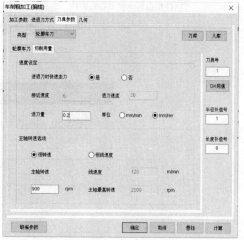

b)

图 5-47 刀具参数

点，如图 5-50 所示，进退刀方式：垂直，其余默认，如图 5-48b 所示。设置好轮廓粗车参数表，单击"确定"按钮生成刀具轨迹，如图 5-51 所示。

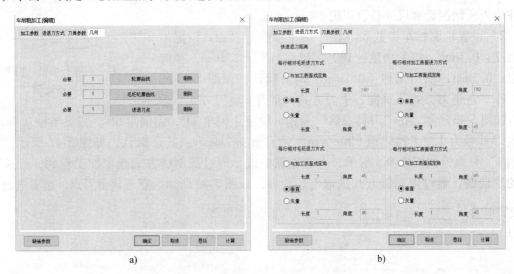

图 5-48　零件 1 右端粗车几何参数和进退刀方式参数

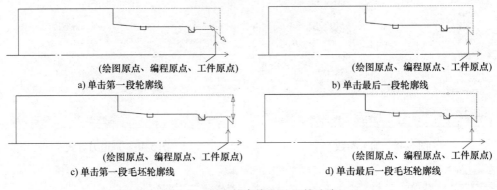

图 5-49　粗车轮廓线和毛坯的选取

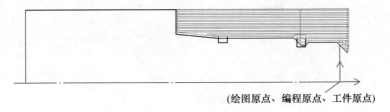

图 5-50　进退刀点的选取（光标处）

图 5-51　零件 1 右端粗车外轮廓刀具轨迹

3）设置轮廓精车参数表。在"加工参数"页面，设定径向余量：0，轴向余量：0，其余默认，如图5-52所示。在"进退刀方式"页面，进刀方式：垂直，退刀方式：垂直，如图5-53所示。在"刀具参数"页面，设定主轴转速1400r/min，进刀量0.14mm/r，其余参数同粗车，如图5-54所示。在"几何"页面，如图5-55所示，点选轮廓曲线，通过限制链方式选取加工轮廓，参照粗车，如图5-49a、b所示。点选进退刀点，选取进退刀点，参照粗车，如图5-50所示。设置好轮廓精车参数表，单击"确定"按钮生成刀具轨迹，如图5-56所示。

图5-52 加工参数

图5-53 进退刀方式

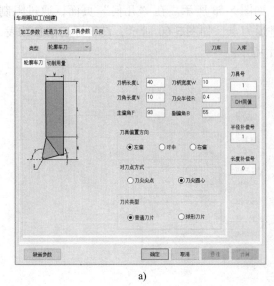

a)

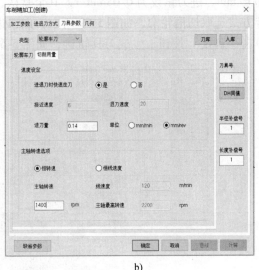

b)

图5-54 刀具参数

4）设置切槽参数表，在"加工参数"页面点选外轮廓，点选粗、精加工，平移步距设为2mm，切深行距设为2mm，退刀距离为0，其余默认，如图5-57所示。在"刀具参数"

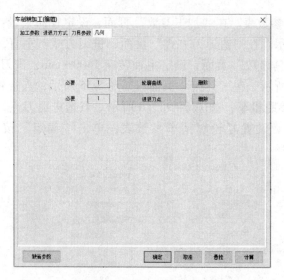

图 5-55　精车几何参数

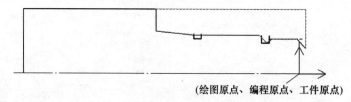

(绘图原点、编程原点、工件原点)

图 5-56　零件 1 右端精车外轮廓刀具轨迹

页面，刀具宽度设为 2mm，刀刃宽度设为 2mm，刀尖半径设为 0.2mm，刀具号 2，转速设为 600r/min，进刀量设为 0.08mm/r，其余默认，如图 5-58 所示。在"几何"页面，通过限制链方式选取切槽轮廓，如图 5-59 所示，点选进退刀点，如图 5-60 所示，设置好切槽参数表，单击"确定"按钮，生成刀具轨迹，如图 5-61 所示。

图 5-57　加工参数

5) 按照步骤 4），选择另一个槽加工，生成刀具轨迹。注：因为这两个槽都是独立的槽，所以几何参数里的切槽轮廓和进退刀点不一样，其余切槽参数一样。

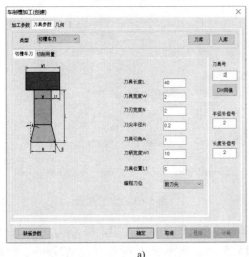

a)

b)

图 5-58　刀具参数

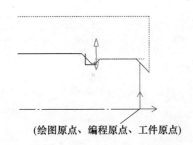

图 5-59　采用限制链方式拾取切槽轮廓线

拾取进退刀点，或键盘输入点坐标：100,50

图 5-60　切槽进退刀点的选取（十字光标处）

注意：被加工轮廓不能闭合或自相交。生成轨迹与切槽刀刀角半径、刀刃宽度等参数密切相关。可按实际需要只绘出槽的上半部分。

6) 设置螺纹参数表，在"螺纹参数"页面点选外螺纹，拾取螺纹轮廓线起点和终点，拾取加工螺纹的进退刀点。点选：恒节距，节距设为 2，螺纹高度设为 1.3，螺纹头数设为 1，如图 5-62 所示。加工参数，点选粗、精加工，末行走刀次数设为 2，螺纹总深设为 1.3，粗加工深度设为 1，精加工深度设为 0.3，粗加工恒定行距设为 0.4，

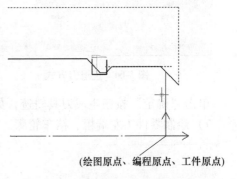

图 5-61　零件 1 右端切槽刀具轨迹

精加工恒定行距设为 0.15，其余默认，如图 5-63 所示。进退刀方式，快速退刀距离设为 0.3，进刀和退刀方式点选垂直，如图 5-64 所示。刀具参数，刀尖宽度设为 0，刀具号 3，螺纹粗、精车主轴转速为 900r/min，其余默认，如图 5-65 所示。

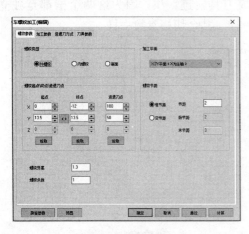

图 5-62 螺纹参数   图 5-63 加工参数

注意：螺纹公称直径为 $\phi27\text{mm}$，长度为 12mm，故 X 的起点为 0，终点为 12mm，Y 起点和终点均为 13.5mm，进退刀点分别为 0 和 15.5mm，表示进刀点在直径 $\phi27\text{mm}$、距离工件端面 2mm 处。

 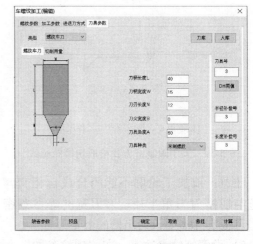

图 5-64 进退刀方式   图 5-65 刀具参数

单击"确定"按钮生成刀具轨迹，如图 5-66 所示，保存为"1-零件 1 右端 . ith"文件。

7）绘制零件 1 左端粗、精车轮廓，如图 5-67 所示。

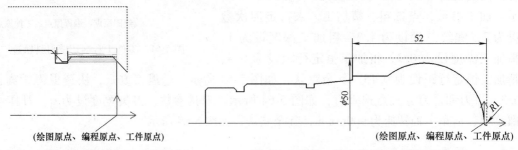

图 5-66 零件 1 右端螺纹加工刀具轨迹   图 5-67 零件 1 的左端 CAXA 绘图尺寸

　　注意：调头装夹，夹右端加工零件 1 左端，按照零件图绘制好左端轮廓后，需要通过镜像功能把零件 1 镜像到右端，通过平移把端面中心点移动到绘图原点。在掉头加工的实际过程中，一般是用 MDI 方式粗、精车掉头后的右端面，定长 108±0.06mm，设定为工件坐标系原点。然后再进行轮廓的加工，由于刀具刀尖存在一个极小的圆弧半径，加工球面时如果轮廓线和毛坯线刚好到 X0 处，会有一段加工不到位，产生一个凸起，因此，这里通过作图绘制一个 R1 的圆弧，通过加工一小段圆弧来消除凸起。

　　8）仍然选择 1 号刀，设置轮廓粗车参数表，轮廓线和毛坯轮廓的选取如图 5-68 所示，进退刀点的选取如图 5-69 所示，粗车外轮廓刀具轨迹如图 5-70 所示。其余参数同步骤 2）中零件 1 右端车削粗车参数。

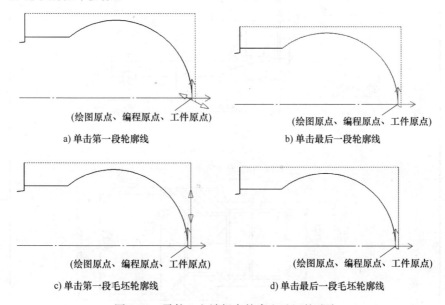

a) 单击第一段轮廓线　　　　　　　　　b) 单击最后一段轮廓线

c) 单击第一段毛坯轮廓线　　　　　　　d) 单击最后一段毛坯轮廓线

图 5-68　零件 1 左端粗车轮廓和毛坯的选取

图 5-69　进退刀点的选取

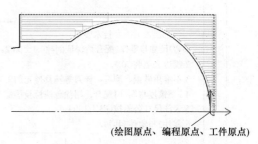

图 5-70　零件 1 左端粗车外轮廓刀具轨迹

　　9）选择 1 号刀，设置轮廓精车参数表，几何参数中轮廓线的选取如图 5-68a、b 所示，进退刀点的选取如图 5-69 所示，其余参数同步骤 3）中零件 1 右端车削精车参数。精车外轮廓刀具轨迹如图 5-71 所示，保存为 "2-零件 1 左端 .ith" 文件。

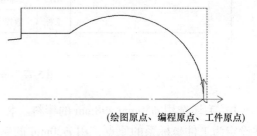

图 5-71　零件 1 左端精车外轮廓刀具轨迹

2. 用 CAXA 编程实现图 5-72 所示零件

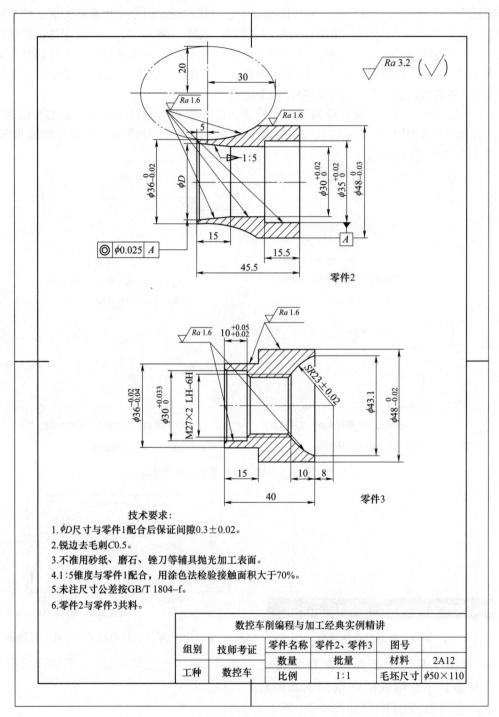

技术要求:

1. ϕD 尺寸与零件1配合后保证间隙0.3 ± 0.02。

2. 锐边去毛刺 $C0.5$。

3. 不准用砂纸、磨石、锉刀等辅具抛光加工表面。

4. $1:5$ 锥度与零件1配合,用涂色法检验接触面积大于70%。

5. 未注尺寸公差按GB/T 1804–f。

6. 零件2与零件3共料。

数控车削编程与加工经典实例精讲				
组别	技师考证	零件名称	零件2、零件3	图号	
		数量	批量	材料	2A12
工种	数控车	比例	1:1	毛坯尺寸	$\phi50\times110$

图 5-72 零件 2 和零件 3

1) 毛坯选用 $\phi50\text{mm} \times98\text{mm}$ 的棒料。装上毛坯后,用 MDI 或手动方式粗、精车右端面并设定为工件坐标系的原点,用 $\phi20\text{mm}$ 的钻头打底孔(通孔),绘制零件 3 右端粗、精车轮廓（实线）和毛坯轮廓（虚线），如图 5-73 所示。

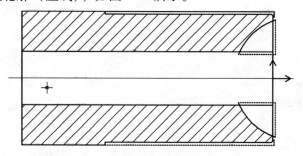

图 5-73 绘制零件 3 右端粗、精车轮廓和毛坯轮廓

2）设置轮廓粗车参数表，选择 1 号刀，参考零件 1 左、右端的轮廓粗车设置参数表，刀具轨迹如图 5-74 所示。

图 5-74 零件 3 右端外轮廓粗车刀具轨迹

3）设置轮廓精车参数表，仍然选择 1 号刀，参考零件 1 左、右端轮廓精车设置参数表，刀具轨迹如图 5-75 所示。

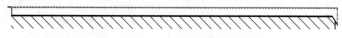

图 5-75 零件 3 右端外轮廓精车刀具轨迹

4）设置内轮廓粗车参数表，在"加工参数"页面点选内轮廓，如图 5-76 所示。刀具偏置方向：右偏，对刀点方式：刀尖尖点，如图 5-77 所示，其余刀具参数同零件 1 粗车参数，设定刀具号为 4。在"几何"页面，轮廓线和毛坯线的选取采用单个拾取的方式，如图 5-78 所示，进退刀点的选取如图 5-79 所示。其余参考零件 1 右端轮廓粗车设置参数，生成刀具轨迹，如图 5-80a 所示。

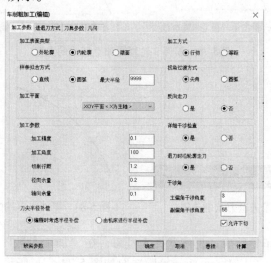

图 5-76 加工参数

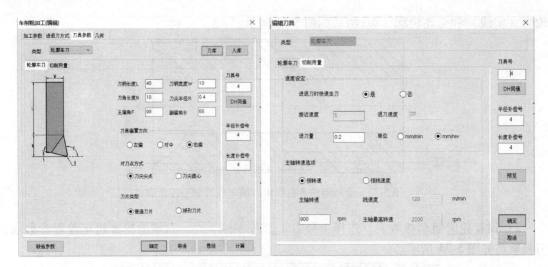

图 5-77　刀具参数

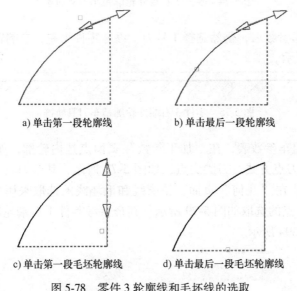

a) 单击第一段轮廓线　　　　　b) 单击最后一段轮廓线

c) 单击第一段毛坯轮廓线　　　d) 单击最后一段毛坯轮廓线

图 5-78　零件 3 轮廓线和毛坯线的选取

拾取进退刀点，或键盘输入点坐标：100,10

图 5-79　零件 3 右端进退刀点的选取　　　图 5-80　零件 3 右端内轮廓粗、精车刀具轨迹

5）设置内轮廓精车参数表，仍然选择 4 号刀，在"加工参数"页面点选内轮廓，刀具偏置方向点选右偏，在"几何"页面，轮廓选取如图 5-78a、b 所示，进退刀点如图 5-79 所示，其余同零件 1 右端精车参数。生成刀具轨迹如图 5-80b 所示，文件保存为"3-零件 3 右

端 . ith"。

6）绘制零件 2 右端内外轮廓（实线）和毛坯轮廓（虚线），如图 5-81 所示。

注意：切槽位的尺寸是 46.5mm，留切断后的端面加工余量 1mm。

7）选择 1 号刀，设置轮廓粗车参数表，轮廓线和毛坯线如图 5-81 所示，进退刀点的选择：一般选择 X 坐标比毛坯直径大 1mm 左右，Z 坐标离端面的距离 1mm 左右的点。其余参数同零件 1 右端外轮廓粗车，生成刀具轨迹如图 5-82 所示。

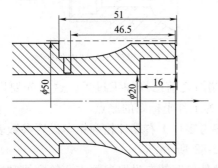
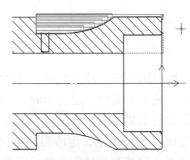

图 5-81　绘制零件 2 右端内外轮廓和毛坯轮廓　　图 5-82　零件 2 右端外轮廓粗车刀具轨迹

8）仍然选择 1 号刀，设置轮廓精车参数表，所有参数同零件 1 右端车削精车参数表，轮廓线、进退刀点的选择同步骤 7）粗车，生成刀具轨迹如图 5-83 所示。

9）设置内轮廓粗车参数表，选择 4 号刀，参数同零件 3 右端内轮廓参数，轮廓线和毛坯线如图 5-83 所示，进退刀点：选择 X 坐标比底孔直径小 1mm 左右，Z 坐标离端面的距离 1mm 左右的点，生成的刀具轨迹如图 5-84 所示。

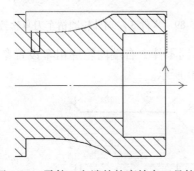
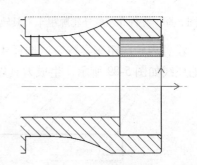

图 5-83　零件 2 右端外轮廓精车刀具轨迹　　图 5-84　零件 2 右端内轮廓粗车刀具轨迹

10）设置内轮廓精车参数表，仍然选择 4 号刀，参数同零件 3 右端内轮廓参数表，轮廓线和进退刀点的选择同粗车，生成的刀具轨迹如图 5-85 所示。

11）设置切槽参数表，选择 2 号刀，参数同零件 1 右端切槽参数表，切槽轮廓线如图 5-81 所示，进退刀点一般选择槽的右顶点，生成刀具轨迹如图 5-86 所示，文件保存为 "4-零件 2 右端 . ith"。

12）绘制零件 3 左端外轮廓（实线）、毛坯轮廓（虚线）及内螺纹轮廓线，如图 5-87 所示。

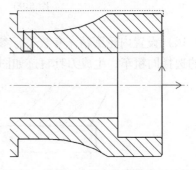

图 5-85　零件 2 右端内轮廓精车刀具轨迹

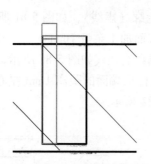

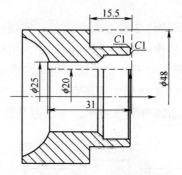

图 5-86　零件 2 右端切断刀具轨迹　　　　图 5-87　零件 3 左端内外轮廓

注意：根据图 5-87，掉头之后的零件 3 左端面之前已经加工过了，这里先要以手动或 MDI 方式粗、精车右端面，定长 40mm，并设定为工件坐标系的原点。

13）设置轮廓粗车参数表，选择 1 号刀，参考零件 1 右端外轮廓粗车设置参数表，轮廓线和毛坯线如图 5-87 所示，生成刀具轨迹如图 5-88 所示。

14）设置轮廓精车参数表，参考零件 1 右端外轮廓精车设置参数表，轮廓线和进退刀点的选择同粗车，生成刀具轨迹如图 5-89 所示。

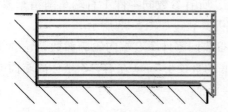

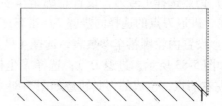

图 5-88　零件 3 左端外轮廓粗车刀具轨迹　　　图 5-89　零件 3 左端外轮廓精车刀具轨迹

15）设置内轮廓粗车参数表，选择 4 号刀，参数同零件 3 右端内轮廓粗车设置参数，轮廓线和毛坯线如图 5-89 所示，生成刀具轨迹如图 5-90 所示。

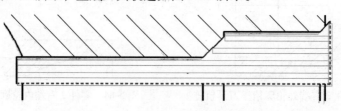

图 5-90　零件 3 左端内轮廓粗车刀具轨迹

16）设置内轮廓精车参数表，参数同零件 3 右端内轮廓精车设置参数，轮廓线和进退刀点的选择同粗车，生成刀具轨迹如图 5-91 所示。

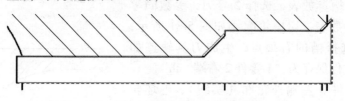

图 5-91　零件 3 左端内轮廓精车刀具轨迹

17）设置螺纹参数表，螺纹类型：内螺纹，其余参数如图 5-92 所示，内螺纹的刀具号 5，刀具参数如图 5-93 所示，其余参数参考零件 1 右端螺纹设置参数表。生成刀具轨迹如图 5-94 所示，文件保存为"5-零件 3 左端 . ith"。

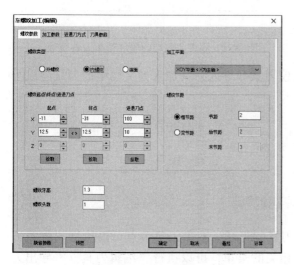

图 5-92　螺纹参数　　　　　　　　　　图 5-93　刀具参数

18）绘制零件 2 左端内轮廓（实线）、毛坯轮廓（虚线），如图 5-95 所示。设置内轮廓粗车参数表，参考零件 3 右端内轮廓粗车设置参数表，生成刀具轨迹如图 5-96 所示。

图 5-94　零件 3 左端内螺纹刀具轨迹　　　图 5-95　零件 2 左端内轮廓和毛坯轮廓

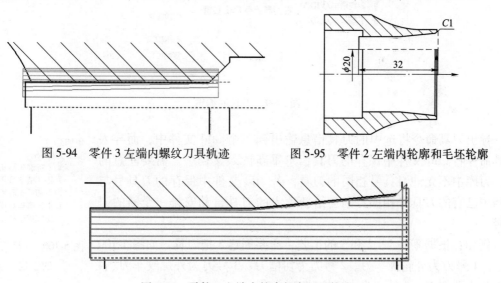

图 5-96　零件 2 左端内轮廓粗车刀具轨迹

注意：根据图 5-96，掉头之后的零件 2 左端面之前已经加工过了，这里先要以手动或 MDI 方式粗、精车右端面，定长 45.5mm 并设定为工件坐标系的原点。

19）设置内轮廓精车参数表，选择 4 号刀，参考零件 3 右端内轮廓粗车设置参数表，轮廓线和进退刀选择参照步骤 18）的粗车，生成刀具轨迹如图 5-97 所示。文件保存为"6-零件 2 左端 . ith"。

3. 管理树

下面我们以零件 2 左端的管理树为例，讲解刀库节点、轨迹节点和代码节点。

（1）刀库节点　刀库节点用于管理文档中的刀具信息。在"刀库"节点右击，可以弹出刀库相关的菜单，可以执行"创建刀具""导入刀具""导出刀具"命令。通过创建刀具和导入刀具加入到文档中的刀具会以子节点的形式添加到刀库节点下，如图 5-98 所示。

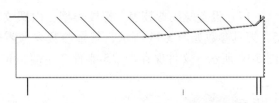

图 5-97　零件 2 左端内轮廓精车刀具轨迹

图 5-98　刀具的创建

单击刀具节点可以在绘图区原点处显示刀具的形状，双击刀具节点可以执行"编辑刀具"命令，右键单击刀具节点可以弹出刀具相关的菜单，可以执行"编辑刀具""导出刀具""修改备注"等刀具命令，以及删除、复制、粘贴这些通用命令，如图 5-99 所示。

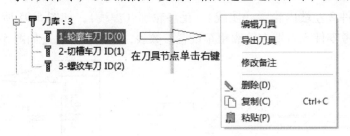

图 5-99　刀具的编辑

导出刀具命令将选中的刀具信息输出到一个 .tld 文件中，而导入刀具命令将 .tld 文件中保存的刀具信息重新读入文档中。需要注意的是，刀库中不允许刀具号相同的刀具，若 .tld 文件中保存的刀具号与文档中已有的刀具号相同，则会给新读入的刀具自动安排一个新的刀具号。

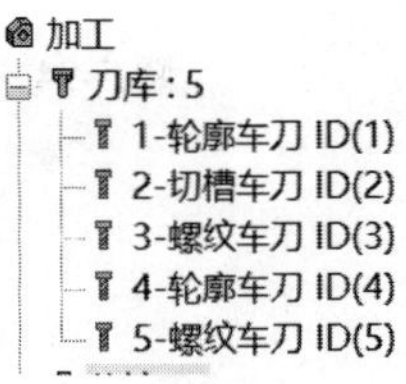

例如：根据零件 1、2 和 3 的工艺，需要创建 5 把刀具，如图 5-100 所示。1 号刀为外轮廓车刀、2 号刀为切槽刀、3 号刀为外螺纹车刀、4 号刀为内孔车刀、5 号刀为内螺纹车刀。

图 5-100　5 把刀具的创建

注意：由于 φ20 钻头不参与 CAXA 编程，钻孔的操作完全可以用手动代替，所以这里 φ20 钻头不包含在加工刀具里面。

（2）轨迹节点　轨迹节点用于管理文档中的轨迹信息。在"轨迹"节点上单击右键可以弹出轨迹相关的菜单，可以执行"展开文件夹""收起文件夹""新建文件夹""按刀具分组"四个文件夹操作命令和所有的生成轨迹的命令。文档中所有的轨迹都会以子节点的形式添加到轨迹节点下，如图 5-101 所示。

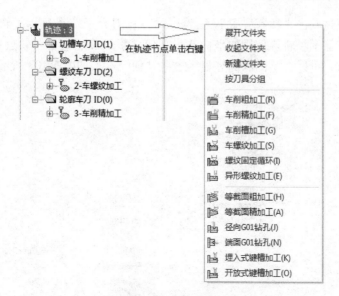

图 5-101　轨迹节点的创建

"新建文件夹"命令可以在轨迹节点下生成文件夹节点，用于存放每个轨迹的节点。

"展开文件夹"命令可以将文件夹节点和其中所有的轨迹子节点展开显示在管理树上，用户可以看到文件夹中轨迹的细节信息。

"收起文件夹"命令可以将文件夹节点和其中所有的轨迹子节点从管理树上收起，此时用户只能看到文件夹名称。

"按刀具分组"命令可以自动将所有轨迹按照轨迹使用的刀具分组，每个使用的刀具生成一个文件夹节点，文件夹名称即为刀具名称，而使用该刀具的轨迹则加入到该文件夹节点下。使用这个命令可以方便地对使用同一刀具的轨迹进行统一的操作，如图 5-102 所示。

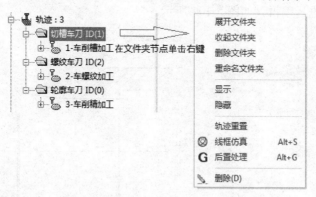

图 5-102　文件夹节点

在文件夹节点单击右键可以同时选中文件夹下的所有轨迹，并弹出一个相关的菜单。可以执行"展开文件夹""收起文件夹""删除文件夹""重命名文件夹"这四个文件夹命令，以及显示、隐藏、轨迹重置、线框仿真、后置处理这些轨迹命令，以及删除文件夹中的轨迹。

单个轨迹的子节点也包含丰富的内容。其中，路径子节点标识了轨迹的长度信息；加工参数子节点可以通过双击来执行"轨迹编辑"命令；刀具子节点显示了轨迹加工使用的刀具；坐标系子节点显示了轨迹使用的坐标系；几何元素子节点包含了轨迹相关的几何信息。单击这些几何节点，可以在绘图区高亮显示这些几何元素，如图 5-103 所示。

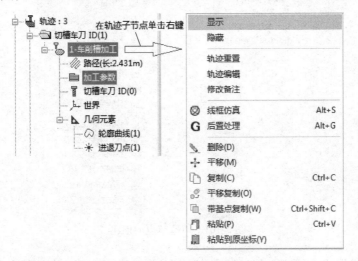

图 5-103　轨迹子节点

在轨迹子节点上单击右键可以弹出一个轨迹相关的菜单，可以执行"显示""隐藏""轨迹重置""轨迹编辑""修改备注""线框仿真""后置处理"等轨迹命令，以及删除、平移、复制、粘贴等通用命令。

修改备注命令可以给轨迹添加备注信息，方便与文档中的其他轨迹进行区别。

例如：零件 2 左端内轮廓编程时，通过轨迹节点的隐藏显示功能，把不需要编辑的刀路进行隐藏，只显示需要编辑的刀路。粗、精车都隐藏时，刀具轨迹都不显示出来，不能对粗、精车加工参数进行编辑，如图 5-104 所示。

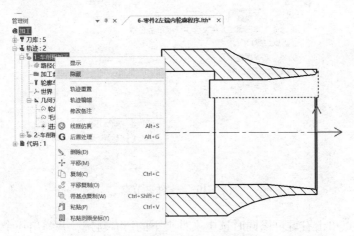

图 5-104　粗、精车均隐藏

车削粗车显示、精车隐藏时，粗车的刀具轨迹显示出来，精车的刀具轨迹不显示出来，能对粗车的加工参数进行编辑，不能对精车的加工参数进行编辑，如图 5-105 所示。

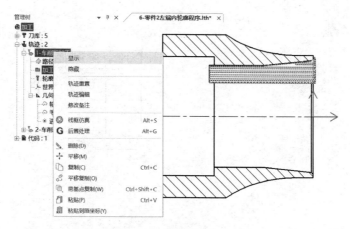

图 5-105　粗车轨迹节点显示

（3）代码节点　代码节点用于管理文档中的 G 代码信息。在"代码"节点上，单击右键可以弹出 G 代码相关的菜单，可以执行"创建代码""保存代码"的命令。"创建代码"命令可以新建一个空白的 G 代码，用户可以自由地对其进行编辑，而"保存代码"命令可以将 G 代码保存为指定扩展名的文件。通过创建代码和后置处理生成的 G 代码会以子节点的形式添加到代码节点下，如图 5-106 所示。

图 5-106　代码的创建

双击代码子节点可以执行"编辑代码"命令，在代码子节点单击右键可以弹出与 G 代码相关的菜单，可以执行"编辑代码""保存代码"这两个代码命令，以及删除、复制、粘贴这些通用命令，如图 5-107 所示。

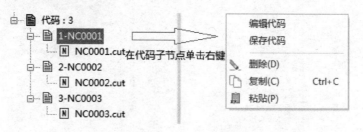

图 5-107　代码的编辑

例如：零件 2 左端内轮廓轨迹生成 G 代码的操作步骤，点选轨迹 1-车削粗加工，单击鼠标右键，打开下拉菜单，选择"后置处理"，如图 5-108 所示。点选机床的操作系统和机床配置，如图 5-109 所示，单击"后置"按钮生成 G 代码，如图 5-110 所示。

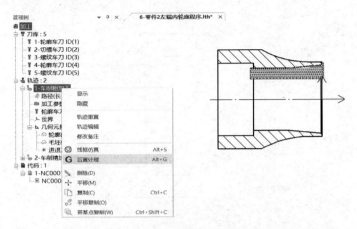

图 5-108　后置处理

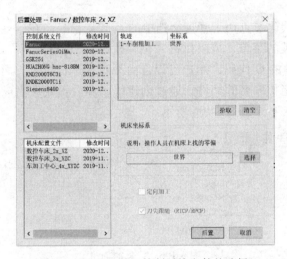

图 5-109　后置处理控制系统文件的选择

图 5-110　G 代码的生成

注意：根据需要可以按住 Ctrl 键，点选多个轨迹并生成代码。

本章小结

　　CAXA 数控车是在全新的数控加工平台上开发的数控车床加工编程和二维图形设计软件。CAXA 数控车具有 CAD 软件的强大绘图功能和完善的外部数据接口，可以绘制任意复杂的图形，可通过 DXF、IGES 等数据接口与其他系统交换数据。CAXA 数控车具有轨迹生成及通用后置处理功能。该软件提供了功能强大、使用简洁的轨迹生成手段，可按加工要求生成各种复杂图形的加工轨迹。通用的后置处理模块使 CAXA 数控车可以满足各种机床的代码格式，可输出 G 代码，并对生成的代码进行校验及加工仿真。

第6章 企业件经典实例精讲

6.1 减速器行星齿轮坯批量加工实例

6.1.1 零件图

零件图如图 6-1 所示。

6.1.2 零件的工艺分析

1. 零件结构分析

如图 6-1 所示，减速器行星齿轮坯主要由 $\phi11.95_{-0.1}^{0}$ mm 内孔、$\phi65.41\pm0.05$mm 外圆、凹槽、30°斜角、$C1$ 倒角、$R1.5$ 倒圆角组成，零件厚度为 $16.6_{-0.25}^{-0.10}$mm。该零件属于半成品，除车削加工外还有后续加工。

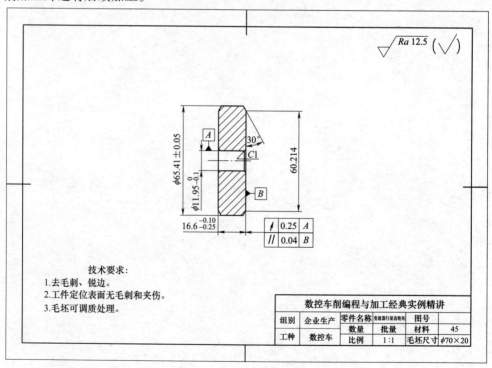

图 6-1 减速器行星齿轮坯

2. 技术要求分析

1）尺寸精度和形状精度为 IT7~IT9 级要求。

2）表面粗糙度：$Ra3.2\mu m$。

3. 加工工艺分析（工艺参数设定）

1）零件毛坯为单件毛坯，需分两次工序完成加工。

2）毛坯尺寸为$\phi70mm\times20mm$，为增加零件的稳定性和满足装夹需求，毛坯调质处理至220HBW。

3）设备选择与工装夹具设计：在批量生产中，加工数量较大，通常设计和使用专用夹具以减少装夹、校正、对刀等辅助时间。根据需求和实际情况选用合适的机床、夹具类型提高生产效率。

a）本产品零件直径小，使用刀具数量少，可选用排刀数控机床，如图6-2所示。

b）零件毛坯为单件毛坯，零件需要两次装夹完成加工。零件平行度和圆跳动有要求。采用液压自定心卡盘配软爪，并在软爪车削出一个径向深度为5mm、Z向深度5.8mm的台阶，如图6-3所示。

图6-2　排刀数控机床

图6-3　液压卡盘与软爪

4）工艺步骤：零件的加工需要掉头装夹，且对零件的平行度有要求。采用三爪液压卡盘配软爪装夹。

a）下料$\phi70mm\times20mm$，并调质处理至220HBW。

b）装夹毛坯伸出长度13mm，钻通孔$\phi10mm$。

c）粗、精车端面和30°斜角→粗、精加工$\phi65.41\pm0.05mm$外圆长度8mm，走刀路线如图6-4所示。

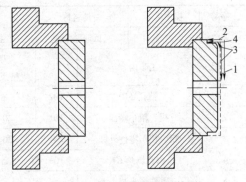

图6-4　粗、精车端面和外圆

d）精车倒角$C1mm$，零件余量较少，可以直接精车，如图6-5所示。

e）零件调头装夹$\phi65.41\pm0.05mm$外圆，如图6-6所示。粗、精车30°斜角和端面控制零件总长→粗、精加工$\phi65.41\pm0.05mm$外圆长度8mm，走刀路线如图6-7所示。

f）精车倒圆角$R1.5mm$、$\phi11.95_{-0.1}^{0}mm$内孔。完成零件加工如图6-8所示。

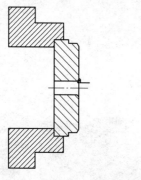

图 6-5　精车倒角 C1

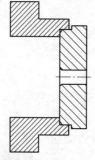

图 6-6　零件调头装夹

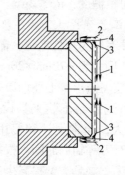

图 6-7　粗、精车斜角、端面、外圆

g）零件翻面后将软爪端面与零件轴线的交点设为工件坐标系原点，如图 6-9 所示。

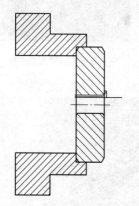

图 6-8　精车倒圆角内孔

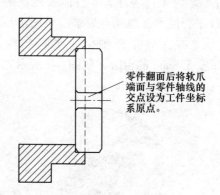

零件翻面后将软爪端面与零件轴线的交点设为工件坐标系原点。

图 6-9　工件坐标系原点

4. 零件加工工艺表

零件加工工艺表见表 6-1。

表 6-1　加工工艺表

工序号	程序编号	夹具名称	使用设备	数控系统	车间	
		三爪液压卡盘	排刀数控车床		数控车削车间	
工步号	工步内容	刀具号	刀具规格尺寸/mm	转速 n/(r/min)	进给量 f/(mm/r)	背吃刀量 a_p/mm	备注
1	钻孔 $\phi10$	T02	$\phi10$	800	0.15	5	
2	粗、精车端面	T01	20×20	1400	0.2	1.5	
3	粗、精车零件外圆	T01	20×20	1400	0.2	1.5	
4	内孔倒角 C1	T03	$\phi10$	2000	0.14	1	
5	零件调头装夹						
6	粗、精车零件端面	T01	20×20	1400	0.2	1	
7	精车零件外圆	T01	20×20	1400	0.15	0.1	
8	精车内孔与圆角	T03	$\phi10$	2000	0.1	1	
编制		审核		批准		共　页	

5. 工具、量具、刀具选择

1）零件加工工具清单见表6-2。

表6-2 加工工具清单

工具清单					图号	
种类	序号	名称	规格	精度	单位	数量
工具	1	三爪液压卡盘			副	1
	2	刀座			个	4
	3	吹气枪			套	1

2）零件加工量具清单见表6-3。

表6-3 加工量具清单

量具清单					图号	
种类	序号	名称	规格	精度	单位	数量
量具	1	外径千分尺	0~25mm	0.01mm	把	1
	2	外径千分尺	50~75mm	0.01mm	把	1
	3	游标卡尺	0~150mm	0.02mm	把	1
	4	专用检具	11.85mm 11.95mm	编号 R01	个	1

3）零件加工刀具清单见表6-4。

表6-4 加工刀具清单

刀具清单					图号			
种类	序号	刀具号	刀具名称	数量	加工表面	刀尖半径/mm	刀尖方位	
刀具	1	T01	75°外圆刀	1	外圆、端面	0.4	3	
	2	T02	φ10mm 麻花钻	1	内孔	0.2	2	
	3	T03	φ10mm 内孔车刀	1	钻孔			

6.1.3 程序编制

1. 零件参考程序

1）第一道工序参考程序见表6-5。

表6-5 第一道工序参考程序

程序号	O0001	排刀机床
	T0102	
	M03S1000	
	G00 X0 Z2 M8	T0101 外圆车刀，T0102φ10mm 麻花钻，T0103φ10mm 内孔车刀
	G01 Z-21 F0.15	
	G00 Z5 M9	

（续）

程序号	O0001	排刀机床
	T0101	
	M03 S1400	
	G00 X71 M8	
	G01 Z-1.2 F0.2	
	X5	
	X67	
	Z-13	
	Z-2	
	X60.21	
	X5	
	Z2	T0101 外圆车刀，T0102φ10mm 麻花钻，T0103φ10mm 内孔车刀
	X65.41	
	Z-13	
	G00 X68 M9	
	Z5	
	T0103	
	M03 S2000	
	G00 X15.95Z2 M8	
	G01 X10.95 Z-1.5 F0.14	
	G00 Z5 M9	
	M05	
	M30	

2）第二道工序参考程序见表 6-6。

表 6-6 第二道工序参考程序

程序号	O0002	排刀机床
程序段号	程序内容	
	M03 S1600	
	G99	
	T0101（换外圆车刀）	零件翻面装夹之后对刀点改为零件轴线与软爪端面的交点
	G00 Z15 M8	
	G00 X71 Z12	
	G01 X5 F0.2	
	X67	
	Z1.5	
	Z7.55	

（续）

程序号	O0002	排刀机床
程序段号	程序内容	
	X60.21	
	X5	
	Z11	
	X65.41	
	Z1.5	
	G0 X68 M9	
	Z15	
	T0103（换内孔车刀）	
	M03 S2000	
	G00 X9.5 Z12 M8	
	G01 X14.95 Z10.8 F0.14	
	G02 X11.95 Z-1.5 R1.5	
	G01 Z-7	
	X11	
	G00 Z15 M9	
	M05	
	M30	

2. 编程加工技巧及注意事项

1）在排刀架上安装刀座时注意刀座的间隔，相邻两刀杆的间距应该大于零件毛坯半径。

2）刀尖在刀架上的伸出长度尽量一致，避免编程时跟换刀具的安全位置变化频繁，导致程序复杂且不易修改。

3）车床的切削为挤压切削，容易产生毛边，编程时可将毛边全部向倒角面或者需要再次加工的部位挤压以保证零件的加工精度。

4）翻面装夹时，零件的定位面必须干净，无毛刺和碰伤；软爪与零件接触部位必须干净，无毛刺和碰伤。装夹时必须用吹气枪清理零件卡爪面。

5）因排刀机床没有回转刀架，所有的切削刀具使用专用刀座安装在机床托板上，因此编程时所有的刀具都使用01号刀位。装刀和对刀时可以按工艺顺序将所需的刀具按顺序依次装在托板上。如第一步车端面则将外圆刀（端面刀）装在最前面，使用数控系统中的01号刀具偏置；第二步为钻孔，则将麻花钻装在外圆（端面刀）的旁边，使用数控系统中的02号刀具偏置。其他刀具依此类推，其目的是减少机床托板的空行程，从而提高加工效率。

6.1.4 零件检测

对产品（含原材料、半成品、部件、成品等）的一个或多个特性进行测量、检查、试验或度量，并将结果与规定要求进行比较以确定每项合格情况的活动，称为质量检验，简称检验。

1. 检验方式（参考方案）

检验方式一般有全检和抽样检测。选择何种检测方式需根据实际生产具体要求和企业要求而定。

1）零件的主要控制项次、单配零件的配合尺寸实行全检。

2）其余检测项次实行首验、抽检及末验。

3）表面粗糙度及外观质量（主要指棱边倒钝、倒角、去毛刺、表面处理等）实行全检。

4）材料缺陷、铸件缺陷、锻件缺陷主要由加工者在加工过程中全数检查，专职检验确认。

5）批量生产时，批准生产后，首件必须全部检测后方可生产。

2. 检验内容、检验方式及抽样方案

检验内容、检验方式及抽样方案见表6-7。

表6-7 零件检测方案

序号	检验内容	量具名称	自检率	专检率	备注
1	厚度 $16_{-0.25}^{-0.10}$	千分尺	100%	100%	
2	内孔 $\phi11.95_{-0.1}^{0}$	专用检具 R01	100%	100%	
3	外圆 $\phi65.41\pm0.05$	千分尺	10%	每班4次 每次2件	
4	其他尺寸	游标卡尺	每班4次/每次2件		

3. 检具设计

检具是一种用来测量和评价零件尺寸质量的专门检验设备。

（1）采用检具的必要性

1）小批量、简单、工艺要求不高的零件一般选用量具检查。如本实例为小批量生产，直接使用带表式外径千分尺检测，如图6-10所示。

图6-10 带表式外径千分尺

2）大批量、精度不高、工艺稳定的零件可抽检或使用简单检具。

3）大批量、精度不高、工艺不稳定的零件使用检具。

4）大批量、精度高、需要全检的零件使用检具。

（2）检具的种类

1）特制检具是工业生产企业用于控制产品各种尺寸（例如孔径、空间尺寸等）的简捷工具，可提高生产效率和控制质量，适用于大批量生产的产品，如汽车零部件，以替代专业测量工具。例如，此例中 $\phi 11.95_{-0.1}^{0}$ mm 内孔尺寸即可用特制的专用检具 R01 进行检测，如图 6-11 所示。

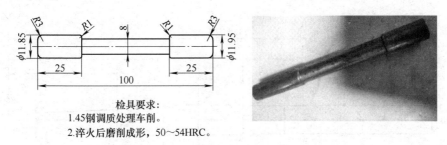

检具要求:
1. 45钢调质处理车削。
2. 淬火后磨削成形，50～54HRC。

图 6-11 $\phi 11.95_{-0.1}^{0}$ mm 内孔尺寸专用检具 R01

2）新一代的现场误差检测系统，其测头位置、角度可以根据用户需要任意设置，所用工装也可以根据产品调节，测量过程自动实现、检测数据直接进入数据库。更高端的柔性检具系统具有误差数据分析功能，数据可以用于统计过程控制（SPC）。

6.2 主轴变速拨杆批量加工实例

6.2.1 零件图

零件图如图 6-12 所示。

6.2.2 零件的工艺分析

1. 零件结构分析

1）主轴变速拨杆主要由 $\phi 15.7$ mm、$\phi 16_{+0.12}^{+0.18}$ mm 圆柱面，$S\phi 12_{-0.365}^{-0.095}$ mm 球面，$\phi 12.4_{-0.1}^{0}$ mm 圆柱面，$3.2_{0}^{+0.15}$ mm 凹槽，大端 $\phi 12$ mm、小端 $\phi 7.8$ mm 的圆锥面组成，如图 6-12 所示。

2）零件总长 242±0.05mm，属细长轴类。

2. 技术要求分析

1）尺寸精度和形状精度为 IT7～IT9 级要求。

2）表面粗糙度：零件 $S\phi 12_{-0.365}^{-0.095}$ mm 球面粗糙度要求为 $Ra3.2\mu$m，未标注表面粗糙度要求为 $Ra12.5\mu$m。

3. 加工工艺分析

1）毛坯尺寸为 $\phi 18$ mm×245mm，零件采用多工位分工步完成加工。

2）工艺步骤：

a）下料 $\phi 18$ mm×245mm，并校直毛坯。由于毛坯直径较小，在运输、搬运、切下时容易发生弯曲，因此在加工之前需要做校直处理。

b）光端面并钻中心孔 B2.5。

c）一夹一顶装夹零件伸出长度 185mm，加工零件 $\phi 15.7$ mm、$\phi 16_{0.12}^{0.18}$ mm 圆柱面和 $\phi 12.4_{-0.1}^{0}$ mm、$3.2_{0}^{+0.15}$ mm 凹槽，如图 6-13 所示。

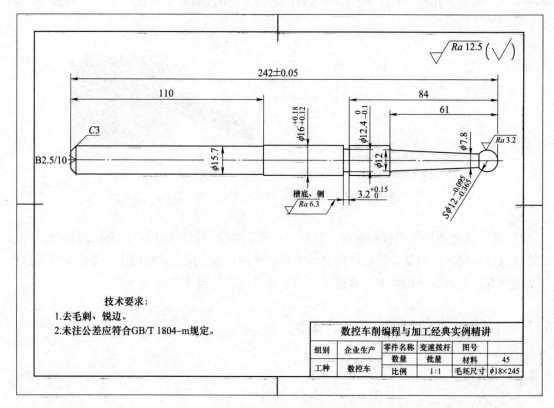

图 6-12　主轴变速拨杆

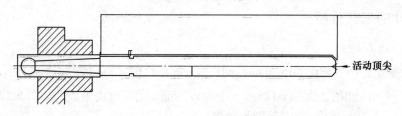

图 6-13　一夹一顶装夹

d）零件掉头，车削 $S\phi 12_{-0.365}^{-0.095}$ mm 球面，大端 $\phi 12$ mm、小端 $\phi 7.8$ mm 的圆锥面。具体步骤如图 6-14 所示。

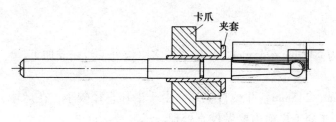

图 6-14　夹套装夹零件

4. 零件加工工艺表

零件加工工艺表见表 6-8。

表6-8 加工工艺表

工序号	程序编号	夹具名称	使用设备		数控系统	车间	
		自定心卡盘	卧式数控车床			数控车削车间	
工步号	工步内容		刀具号	刀具规格 尺寸/mm	转速 $n/(\text{r/min})$	进给量 $f/(\text{mm/r})$	背吃刀量 a_p/mm	备注
1	车端面		T01	20×20	1200	0.2	1.5	
2	钻中心孔		中心钻	B2.5	1800			
3	钻孔ϕ		麻花钻	$\phi18$	500			
4	粗、精车零件左端		T01	20×20	1600	0.2	1	
5	切凹槽$\phi12.4$		T02	20×20	800	0.08	3	
6	零件调头装夹							
7	粗车零件左端		T01	20×20	1600	0.2	1	
8	精车零件左端		T01	20×20	600	0.06	0.1	
编制		审核		批准		共 页		

5. 专用夹具（工装）设计与应用

在批量生产中，加工数量较大，通常设计和使用专用夹具以减少装夹、校正、对刀等辅助时间。加工此零件可设计夹套，夹套对半切割分离成两片。装夹时用夹套夹住 $\phi16^{+0.18}_{+0.12}$mm 圆柱面，以 $\phi12.4^{\ 0}_{-0.1}$mm、3.2mm 凹槽定位，如图6-15所示。

6. 工具、量具、刀具选择

1）零件加工工具清单见表6-9。

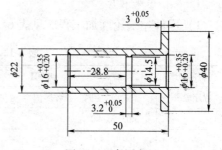

图6-15 专用夹具

表6-9 工具清单

工具清单					图号		
种类	序号	名称	规格	精度	单位	数量	
工具	1	自定心卡盘			副	1	
	2	卡盘扳手			把	1	
	3	刀架扳手			把	1	
	4	垫片			个	1	
	5	活动顶尖			片	若干	
	6	钻夹头			个	1	
	7	工装夹套			个	若干	

2）零件加工量具清单见表6-10。

表6-10　量具清单

量具清单					图号	
种类	序号	名称	规格	精度	单位	数量
量具	1	外径千分尺	0~25mm	0.01mm	把	1
	2	游标卡尺	0~150mm	0.02mm	把	1
	3	可带表式外径千分尺	0~25mm	0.01mm	把	1

7. 零件加工刀具清单

零件加工刀具清单见表6-11。

表6-11　刀具清单

刀具清单				图号		
种类	序号	刀具号	刀具名称	数量	加工表面	刀尖半径/mm	刀尖方位
刀具	1	T01	35°外圆尖刀	1	外圆、端面	0.4	2
	2	T02	3mm外槽刀	1	切槽	0.2	2
	3		B2.5中心钻				

6.2.3　程序编制

1. 零件参考程序

1) 零件左端轮廓加工程序见表6-12。

表6-12　零件左端轮廓加工程序

程序号	O0001	广州数控GSK980TDc系统
程序段号	程序内容	简要说明
	M03 S1600	主轴正转，转速为1600r/min
	G99	采用公制进给（mm/r）
	T0101	定位在安全位置，避免与顶尖、尾座发生干涉
	G00 X150 Z10	
	G00 X20 Z2	起刀点
	G01 X9.7 F0.2	精加工轮廓编程
	G01 Z0	
	G01 X15.7 Z-03	
	G01 Z-110	
	G01 X16	
	G01 Z-180.80	
	G01 X15.6 Z-181	
	G01 Z-182	
	G00 X150 M05	退刀至安全位置、停主轴
	Z10	
	M03 S800	主轴正转，转速为800r/min
	T0202	换至3mm切槽刀

202

（续）

程序号	O0001	广州数控 GSK980TDc 系统
程序段号	程序内容	简要说明
	G00 Z-158. 20	定位到起刀点，避免发生干涉Z方向先移动
	G01 X16. 4 F1	
	G01 X15. 6 Z-157. 8 F0. 08	切削槽底和侧面，侧面与外圆柱面锐边倒角
	G01 X12. 4	
	G01 X16. 4 F1	
	G01 Z-157. 4	
	G01 X15. 6 Z-157. 6 F0. 08	
	G01 X12. 4	
	G00 X150 M05	退刀至安全位置停主轴
	Z10	
	M30	程序结束返回起点

2）零件右端轮廓加工见表 6-13。

表 6-13 零件右端轮廓加工程序

程序号	O0001	广州数控 GSK980TDc 系统
程序段号	程序内容	简要说明
	M03 S1600	主轴正转，转速为 1600r/min
	G99	采用公制进给（mm/r）
	T0101	换1号刀，定位在安全位置
	G00 X150 Z100	
	G00 X18 Z2	起刀点
	G71 U1 R0. 5	
	G71 P1 Q2 U0. 2 W0 F0. 25	
N1	G01 X-1	轮廓精加工编程
	G01 X0 Z0	
	G03 X7. 8 Z-10. 56 R6	
	G01 X12 Z-61	
N2	G01 X16. 2	
	G00 X150 M05	停主轴
	Z100 M00	暂停
	G00 X18 Z2	起刀点
	M03 S600	改变转速
	T0101	
	G70 P1 Q2 F0. 06	G70 精车轮廓
	G00 X150 M05	退刀至安全位置，停主轴
	Z100	
	M30	程序结束，返回起点

2. 编程技巧与注意事项

1）确保换刀位置，进行换刀时不会与零件、机床尾座、顶尖等发生干涉。

2）直边与锐边容易产生毛坯，编程时需做倒角处理。

6.2.4　零件检测

零件检测方案见表6-14。

表6-14　检测方案

序号	检验内容	检验方式	抽样方案
1	主要零件的主要控制项次、单配零件的配合尺寸	全检	
2	主要零件的次要项次	首检+抽样+末检	1）零件数量≤5件，只进行首、末检 2）零件数量为6~10件，进行首、末检，并抽检一件 3）零件数量为11~20件，进行首、末检，并抽检二件 4）零件数量大于20件，每增加10件加抽一件
3	次要零件的次要项次	首检+抽样+末检	
4	次要零件的主要项次	全检	
5	表面粗糙度	全检	
6	外观质量	全检	
7	材料缺陷	全检	
8	铸件缺陷	全检	
9	锻件缺陷	全检	

6.3　LED灯座套批量加工实例

6.3.1　零件图

零件图如图6-16所示。

6.3.2　零件的工艺分析

1. 零件结构分析

1）LED灯座套外轮廓主要由$\phi32_{0}^{+0.1}$mm、$\phi14_{-0.05}^{-0.01}$mm圆柱面，$R18.6$mm圆弧面，$\phi35\pm0.2$mm模数1指纹滚花组成；内轮廓由$\phi8.5$mm、$\phi28_{+0.01}^{+0.05}$mm内圆柱面和$R18.6$mm圆弧面组成，如图6-16所示。

2）零件总长64.8mm，材料为2A12铝合金。

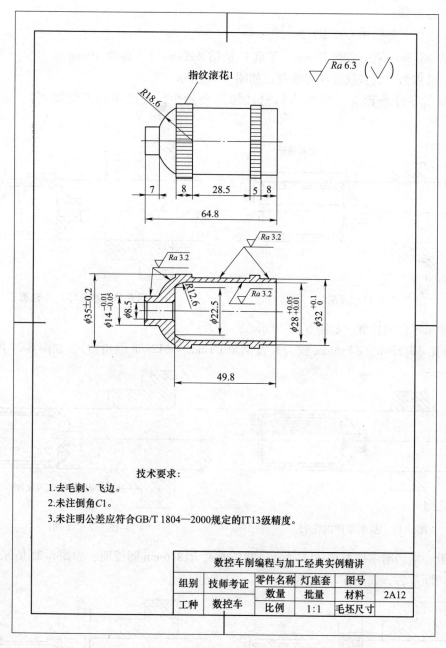

图 6-16 灯座套

2. 技术要求分析

1）表面粗糙度：零件表面粗糙度要求为 $Ra3.2\mu m$，未标注表面粗糙度要求为 $Ra6.3\mu m$。

2）零件无其他形位精度要求。

3. 加工工艺分析（工艺参数设定）

1）装夹棒料，一次装夹完成加工，切断零件。

2）工艺步骤：

a）车端面，并钻中心孔 B2.5。

b）钻 ϕ8.3mm 孔，深度 70mm，平底 U 钻钻 ϕ20mm 孔，深度 49mm。

c）用模数为 1 的直纹滚花刀滚花，如图 6-17 所示。

d）精车零件外轮廓（材料为铝材且加工余量少，直接用切刀精加工），如图 6-18 所示。

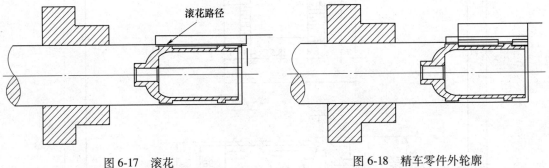

图 6-17　滚花　　　　　　　　　　　图 6-18　精车零件外轮廓

e）精车零件内轮廓，如图 6-19 所示。

f）铰孔 ϕ8.5mm（ϕ8.5mm 铰刀）及倒角 C1mm（ϕ12mm 倒角钻），如图 6-20 所示。

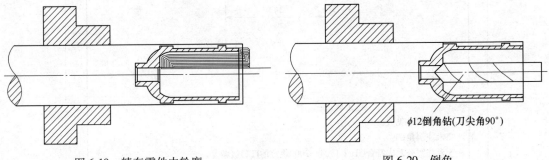

图 6-19　精车零件内轮廓　　　　　　图 6-20　倒角

g）粗、精切削零件左端 $\phi14_{-0.05}^{-0.01}$mm 圆柱面及 R18.6mm 圆弧面，如图 6-21 所示。

h）切断零件，如图 6-22 所示。

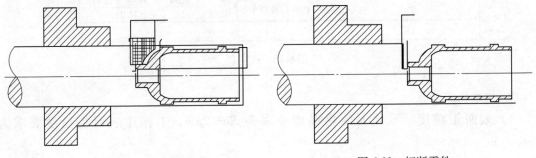

图 6-21　切 R18.6mm 圆弧面　　　　　图 6-22　切断零件

4. 零件加工工艺

零件加工工艺见表 6-15。

表6-15 加工工艺表

工序号	程序编号	夹具名称	使用设备		数控系统	车间
		自定心卡盘	卧式数控车床（排刀）			数控车削车间
工步号	工步内容		刀具号	刀具规格尺寸/mm	转速 n/(r/min)	进给量 f/(mm/r)	背吃刀量 a_p/mm	备注

工步号	工步内容	刀具号	刀具规格尺寸/mm	转速 n/(r/min)	进给量 f/(mm/r)	背吃刀量 a_p/mm	备注
1	车端面	T0101	20×20	1200	0.2	1.5	
2	钻中心孔	T0102	B2.5	1800	0.2		中心钻
3	钻孔 φ	T0103	φ8.3	1000	0.1		麻花钻
4	钻孔 φ	T0104	φ20	1200	0.12	10	φ20U 钻
5	滚花	T0105	直纹滚花刀（模数1）	400	0.12	2.8	
6	精车外轮廓（槽刀）	T0106	20×20	1400	0.15	1	3mm
7	精车内轮廓	T0107	φ12	1400	0.15	1	
8	倒角 C1	T0108	φ12	1400	0.1	1	
9	粗、精车零件 $\phi 14_{-0.05}^{-0.01}$ 圆柱面及 $R18.6$ 圆弧面	T0106	20×20	1200	0.1	2.5	
10	切断零件	T0106	20×20	1200	0.1	2.5	
11	零件掉头装夹						
12	铰孔 φ8.5	T0109	φ8.5	500	0.05	0.1	
13	倒角 C1	T0108	1400	1400	0.1		
编制		审核		批准		共 页	

零件加工刀具清单见表6-16。

表6-16 刀具清单

刀具清单					图号		
种类	序号	刀具号	刀具名称	数量	加工表面	刀尖半径/mm	刀尖方位
刀具	1	T1	35°外圆尖刀	1	外圆、端面	0.4	2
	2	T6	3mm 外槽刀	1	外圆、切槽	0.2	2
	3	T2	B2.5 中心钻	1			
	4	T3	φ8.3mm 麻花钻	1			
	5	T4	φ20mm 平底麻花钻	1			
	6	T8	φ12mm 倒角钻	1	倒角		
	7	T5	直纹滚花刀模数1	1	滚花		
	8	T7	φ12mm 内孔车刀	1	内轮廓		

6.3.3 程序编制

参考程序见表6-17。

表 6-17 零件加工参考程序

程序号	O0001	广州数控 GSK980TDc 系统
程序段号	程序内容	简要说明
	M03 S1200	主轴正转，转速为 1200/min
	T0101	换端面刀
	M08	
	G00 X38 Z-1	光端面
	G99 G01 X0 F0.15	
	G00 Z150	退刀至安全位置
	T0102	换中心钻
	M03 S1800	主轴正转，转速为 800/min
	G00 X0 Z1	钻中心孔
	G01 Z-2.5 F02	
	G00 Z150	退刀至安全位置
	T0103	换 φ8.3mm 钻头
	M03 S1000	主轴正转，转速为 1000/min
	G00 X0 Z1	钻孔 φ8.3mm
	G01 Z-68 F0.1	
	G00 Z150	退刀至安全位置
	T0104	换 φ20mmU 钻
	M03 S1200	主轴正转，转速为 1200/min
	G00X0 Z1	钻孔 φ20mm
	G01 Z-49 F0.12	
	G00 Z150	退刀至安全位置
	T0105	换滚花刀
	M03 S400	主轴正转，转速为 400/min
	G00 X36 Z1	滚花
	G00 X34	
	G01 Z-55	
	G00 X36	
	Z150	退刀至安全位置
	T0106	换 3mm 槽刀
	M03 S1400	主轴正转，转速为 1400/min
	G00 X31 Z0	外轮廓精加工
	G01 X32 Z-0.5 F0.15	
	Z-8	
	X35	
	Z-16	

（续）

程序号	O0001	广州数控 GSK980TDc 系统
程序段号	程序内容	简要说明
	X32	外轮廓精加工
	Z-41.5	
	X36	
	G00 Z150	退刀至安全位置
	T0107	换 φ12mm 内孔车刀
	M03 S1400	主轴正转，转速为 1400/min
	G00 X28 Z1	内轮廓精加工
	G01 X28.5 Z0 F0.15	
	X28 Z-0.5	
	Z-41.94	
	G03 X22.5 Z-49.8 R12.6	
	G01 X8.5	
	G00 Z150	退刀至安全位置
	T0108	换倒角钻
	M03 S1400	主轴正转，转速为 1400/min
	G00 X0 Z1	倒角
	Z-49	
	G01 Z-54.8	
	G00 Z150	退刀至安全位置
	T0106	换 3mm 槽刀
	M03 S1200	主轴正转，转速为 1200/min
	G00 X36	尾部加工及切断
	Z-68.8	
	G01 X14 F0.1	
	G0 X36	
	W3	
	G01 X14F0.1	
	G0 X36	
	W3	
	G01 X14 F0.1	
	G0 X36	
	W1	
	G01 X14 F0.1	
	G0 X36	
	Z-42.5	
	G01 X32 F0.1	

（续）

程序号	O0001	广州数控 GSK980TDc 系统
程序段号	程序内容	简要说明
	G03 X14 Z-49.8 R12.6	尾部加工及切断
	G01 Z-67.3	
	X13.5 Z-67.8	
	X0	
	G0 Z150 M9	退刀至安全位置，关切削液
	M05	主轴停止
	M30	程序结束并返回起点

6.3.4 零件检测

按照图样和生产的技术要求对零件进行检测，根据加工数量多少确定选择检测方案和用具。

1）使用带表式外径千分尺检测 $\phi 32^{+0.1}_{0}$ mm、$\phi 14^{-0.01}_{-0.05}$ mm，如图 6-10 所示。

2）使用内径表检测 $\phi 28^{+0.05}_{+0.01}$ mm，如图 6-23 所示。

3）根据生产需求定制专用柔性检具。

图 6-23　内径表

6.3.5 如何提高生产效率

1. 数控车加工中影响加工效率的主要因素

1）设备故障因素：数控系统原理复杂、结构精密，出现故障后不能及时维修排除故障，所以会影响生产效率。

2）生产管理因素：数控设备的系统繁杂，设备档次不齐，给技术员、操作人员的应用和编程带来很大困难，大大限制了零件的转移加工，从而影响加工效率。

3）工艺技术因素：很多情况下没有把工艺的合理性与相适应的数控机床、刀具、工装夹具有效结合，机床加工时只要一个环节出现问题就会造成设备停机等待或产品不合格。

4）数控刀具因素：刀具系统作为制造活动的重要辅工具，对数控机床生产率起着十分重要的作用。数控机床较多的生产车间，刀具数量较大，不同的使用者对刀具的信息不易掌握，容易造成刀具的使用混乱，影响生产效率。

5）操作人员的技能因素：数控机床是机电一体化产品，对操作者素质要求较高，应具有机、电、液、气等相关知识。如果数控操作人员素质不够高，碰到一些问题不知如何处理，往往会因此而影响生产效率。这就要求使用者具有较高的素质，能冷静对待问题，现场判断能力强，当然还应具有较扎实的数控基础等。

2. 提高生产效率

1）根据产品的特点选择最适合的加工方案。其中包括：机床种类的选择、毛坯处理、工装与检具方案设计等。例如本章 6.2 节主轴变速拨杆（切断即可成形的细小、细长类产品）大批量生产中，可选用带有自动送料功能的机床，提高生产效率。

2）毛坯处理：数控车加工中通常会遇到铸、锻造毛坯，加工余量较大，相对规则，此类毛坯可先粗加工处理，再到数控车床上进行精加工。

3）建立完整的刀具数据库，将刀具系统的所有信息纳入计算机中进行管理，建立无纸化的刀具管理系统。

4）提高操作人员的技术水平。

本章小结

本章是按照岗位培训需要的原则编写的。主要内容包括：通过实例详细地介绍数控车加工中常见类型的批量生产工艺编排，工序安排，程序编制技巧，合理设计工装/检具以提高生产效率。

附录 华中 8 型数控车床代码指令

附录 A 华中 8 型数控车床 G 代码指令

G 代码	组号	功　　能
G00		快速定位
【G01】	01	线性插补
G02		顺时针圆弧插补/顺时针圆柱螺旋插补
G03		逆时针圆弧插补/逆时针圆柱螺旋插补
G04	00	暂停
G07		虚轴指定
G08	00	关闭前瞻功能
G09		准停校验
G10	07	可编程数据输入
【G11】		可编程数据输入取消
G17		XY 平面选择
【G18】	02	ZX 平面选择
G19		YZ 平面选择
G20	08	英制输入
【G21】		公制输入
G28		返回参考点
G29	00	从参考点返回
G30		返回第 2、3、4、5 参考点
G32	01	螺纹切削
【G36】	17	直径编程
G37		半径编程
【G40】		刀具半径补偿取消
G41	09	左刀补
G42		右刀补
G52	00	局部坐标系设定
G53		直接机床坐标系编程
G54. x		扩展工件坐标系选择
【G54】		工件坐标系 1 选择
G55	11	工件坐标系 2 选择
G56		工件坐标系 3 选择
G57		工件坐标系 4 选择

（续）

G 代码	组号	功　　能
G58	11	工件坐标系 5 选择
G59		工件坐标系 6 选择
G60	00	单方向定位
【G61】	12	精确停止方式
G64		切削方式
G65	00	宏非模态调用
G71	06	内（外）径粗车复合循环
G72		端面粗车复合循环
G73		闭合车削复合循环
G74		端面深孔钻加工循环
G75		外径切槽循环
G76		螺纹切削复合循环
G80		内（外）径切削循环
G81		端面切削循环
G82		螺纹切削循环
G83		轴向钻循环
G84		轴向刚性攻螺纹循环
G87		径向钻循环
G88		径向刚性攻螺纹循环
【G90】	13	绝对编程方式
G91		增量编程方式
G92	00	工件坐标系设定
G93		反比时间进给
【G94】	14	每分钟进给
G95		每转进给
G96	19	圆周恒线速度控制开
【G97】		圆周恒线速度控制关
G101	00	轴释放
G102		轴获取
G103		指令通道加载程序
G103.1		指令通道加载程序运行
G104		通道同步
G108 『STOC』		主轴切换为 C 轴
G109 『CTOS』		C 轴切换为主轴
G110		报警
G115		回转轴角度分辨率重定义

附录 B 华中 8 型数控车床 M 代码指令

指令	功能	指令	功能
M00	程序暂停	M23	刀库进（斗笠刀库）
M01	选择停	M24	刀库退（斗笠刀库）
M02	程序结束	M25	选刀（斗笠刀库）
M03	主轴顺时针方向运行	M26～M29	不指定
M04	主轴逆时针方向运行	M30	程序结束并返回首行
M05	主轴停止	M31～M63	不指定
M06	换刀	M64	工件计数
M07	2 号切削液开	M65～M91	不指定
M08	1 号切削液开	M92	程序暂停（手动干预）
M09	切削液关	M93	程序暂停（不能手动干预）
M10～M18	不指定	M94～M97	不指定
M19	主轴定向	M98	调用子程序
M20	主轴定向取消	M99	子程序返回主程序
M21	松刀（斗笠刀库）	M100～M999	不指定
M22	紧刀（斗笠刀库）		

参 考 文 献

[1] 刘蔡保，石伟．数控车床编程与操作［M］．北京：化学工业出版社，2009.

[2] 谢晓红．数控车削编程与加工技术［M］．北京：电子工业出版社，2005.

[3] 戴三法，王吉连．数控车削编程与加工［M］．北京：中国劳动社会保障出版社，2012.

[4] 曹凤，戴俊平．数控编程［M］．重庆：重庆大学出版社，2004.

[5] 饶军．数控机床与编程［M］．西安：西安电子科技大学出版社，2008.

[6] 卢孔宝，程超，王婧，等．CAXA 数控车编程与图解操作技能训练［M］．北京：机械工业出版社，2020.

[7] 陈为国．数控车床加工编程与操作图解［M］．2 版．北京：机械工业出版社，2017.

[8] 高晓萍，于田霞，刘深．数控车床编程与操作［M］．2 版．北京：清华大学出版社，2017.

[9] 孙奎洲，朱劲松．数控车技能训练与大赛试题精选［M］．北京：中国轻工业出版社，2019.

[10] 郭建平，陈娟．数控车削加工典型实例分析与详解［M］．北京：化学工业出版社，2019.

[11] 韩鸿鸾，张秀玲．数控加工技师手册［M］．北京：机械工业出版社，2005.

[12] 罗辑，等．数控加工工艺及刀具［M］．重庆：重庆大学出版社，2006.

[13] 刘玉春．CAXA 数控车 2015 项目案例教程［M］．北京：化学工业出版社，2018.

[14] 浦艳敏，牛海山，衣娟．数控机床刀具及其应用［M］．北京：化学工业出版社，2018.

[15] 《金属加工》杂志社，哈尔滨理工大学．数控刀具选用指南［M］．2 版．北京：机械工业出版社，2018.

[16] 庞长江，龚德明．数控车床维修［M］．北京：中国水利水电出版社，2012.

[17] 方昆凡．公差与配合实用手册［M］．北京：机械工业出版社，2006.

[18] 孔庆华，等．极限配合与测量技术基础［M］．2 版．上海：同济大学出版社，2008.

[19] 武良臣，吕宝占．互换性与技术测量［M］．北京：北京邮电大学出版社，2009.

[20] 魏永涛，周敏，刘兴芝．工程训练教程［M］．成都：电子科技大学出版社，2015.